# SCHWARZWALDMÜHLEN

Romantische Mühlenrouten & Wanderwege

Mühlenrouten
Mühlenwanderwege
Historische Mühlen
Museumsmühlen
Mühlengasthäuser
Mühlenrestaurants
Mühlenhotels
Mühlenläden

# SCHWARZWALD HYMNE

Text und Fotos
**Günther Ackermann**

# IMPRESSUM

**Bibliografische Information der Deutschen Nationalbibliothek**
Die deutsche Nationalbibliothek verzeichnet diese Publikation in der Deutschen Nationalbibliografie, detaillierte bibliografische Daten sind im Internet über http://dnb.d-nb.de abrufbar.

ISBN-978-3-8482-0138-9

Copyright 2012 ⬜ Günther Ackermann

Autor und Fotograf: Günther Ackermann

**Herstellung und Verlag:**
Books on Demand GmbH
In de Tarpen 42
D- 22848 Norderstedt
Tel.: 0049 (0)40-534335-11, Fax: 0049 (0)40-534335-84
info@bod.de, www.bod.de, printed in Germany

**Gestaltung:**
Titelbild: Hexenlochmühle in Furtwangen - Neukirch
Bilder–Rückseite: Hilzinger Mühle, Landwasserhofmühle, Vögeles Mühle, Mühlrad, Heitzmannhof Mühle, Tannenmühle
Text und Fotos: Günther Ackermann
Foto Autor Portrait: Jürgen Haberer
Karten: Routenplaner
Lektor: Bodegamon
Text und Bildbearbeitung: Michael Burger & Stefanie Schwarz
Fotokameras: Leica V-Lux 1, Canon EOS 300D Digital
Fahrzeug: Fiat 124 Spider, BJ. 1969
Vielen Dank für die Mithilfe an: Bodegamon, Michael Burger & Stefanie Schwarz Steven Bailey, Claudia & Peter Grüninger, Gisela Richter, Dr. Juliana Bauer, Elke & Eberhard Grösser, Hermann & Monika Walter, Heidi & Dieter Schneider, Dr. Hermann Hörscher, Claus Vögele, Daniel Fehrenbach, A.&R. Hilzinger, Werner Jekutsch, Werner Schillinger, Doris & Edgar Kenk, A. Zimmermann.

Alle Rechte vorbehalten. Daten und Fakten in diesem Buch sind vom Autor mit größter Sorgfalt gesammelt und gewissenhaft bearbeitet worden. Da vor allem touristische Informationen häufig Veränderungen unterworfen sind, kann für die Richtigkeit der Angaben leider keine Gewähr vom Autor und Verlag übernommen werden. Ohne ausdrückliche schriftliche Genehmigung des Autors darf das Werk als Ganzes oder Teile daraus weder reproduziert, übertragen, noch kopiert werden. Dies gilt auch für manuelle Kopien oder Reproduktionen mit Hilfe elektronischer oder mechanischer Systeme. Die Benutzung dieses Führers geschieht auf eigenes Risiko. Eine Haftung für eventuelle Unfälle und Schäden jeder Art wird vom Autor und Verlag nicht übernommen.

# EINLEITUNG SCHWARZWALDMÜHLEN

Im Schwarzwald gab es früher rund 1400 Wassermühlen. Heute gibt es noch etwa 300 Mühlen. Sie sind ein Symbol des Schwarzwaldes und wurden in vielen Gedichten, sowie Liedern beschrieben und besungen. „Es klappert die Mühle am rauschenden Bach", oder „es steht eine Mühle im Schwarzwälder Tal" sind berühmte Volkslieder. Meistens an einem malerischen Bach gelegen strahlen sie bis heute immer noch eine bezaubernde Romantik aus. Die große Zeit der Mühlen im Schwarzwald war das 18. und 19. Jahrhundert. Sie säumten die Bäche und Flüsse. Ihre Aufgabe war es die oft abgelegenen, in den bergigen, abgeschiedenen Lagen des Schwarzwaldes stehenden Bauernhöfen mit dem Brot für das tägliche Leben zu versorgen. Sie waren für die Selbstversorgung der unabhängigen Gehöfte sehr wichtig. Aus dem eigenen Korn konnten die Bauern Mehl mahlen und sich selber ernähren. Von den Sägemühlen wurde das Bauholz hergestellt. Durch die Wasserkraft angetrieben verwendeten sie damals schon natürliche Energie, die genutzt werden konnte. Mit dem Fortschritt des 20. Jahrhunderts in der Mühlentechnik kam ihr Niedergang. Das feine, weiße Mehl der Industriemühlen wurde bevorzugt, so dass die Bauernmühlen nur noch zum Futter schroten dienten. Es ist deshalb sehr erfreulich, dass man heute im Schwarzwald wieder Mühlen findet, die vor dem Verfall bewahrt, renoviert und restauriert wurden. Sie sind attraktive, touristische Sehenswürdigkeiten, sehr reizvolle Fotomotive, welche die Besucher des Schwarzwaldes anziehen und begeistern, aber auch wichtige, technische Kulturdenkmäler der vorindustriellen Zeit. Einige Mühlen wurden zu Mühlenmuseen umgewandelt, oder werden als gastronomische Betriebe wie Gaststätten, Restaurants und Hotels genutzt. In manchen findet man eine Vesperstube oder ein Cafe. Es werden aber auch immer noch alte Mühlen als Ölmühlen, Bäckereien, Mühlenläden und Sägemühlen genutzt. Auch in der Freizeit finden die Mühlen immer mehr Interesse. Es wurden von etlichen Gemeinden im Schwarzwald einige Mühlenwanderwege angelegt, wo man nach dem Motto „Das Wandern ist des Müllers Lust", diese Kleinode entdecken kann. Ich habe in diesem Buch neun sehr romantische Mühlenrouten ausgearbeitet, die zu den schönsten Schwarzwaldmühlen führen. Die bezaubernde Mühlenromantik und die Faszination der Schwarzwaldmühlen werden beschrieben und mit sehr ansprechenden Fotos untermalt. Auch wertvolle Tipps werden gegeben.
Dieses Buch soll allen Mühlenfreunden, der Jugend und unseren Nachkommen die Mühlen näher bringen, damit sie nicht in Vergessenheit geraten. Es ist heute noch möglich auf den Spuren der Schwarzwaldmühlen zu wandeln und an einem rauschenden Bach seine Seele fliegen zu lassen. Die von mir geschriebene „Schwarzwald Hymne" wird vom Schwarzwald Sänger Lothar Baumann und auf englisch von Steven Bailey als „Black Forest Melody" gesungen. Ich wünsche Ihnen viel Vergnügen und Muse beim lesen dieses Buches.

# WASSERRÄDER

Die Erfindung der Wasserräder durch griechische Ingenieure stellte einen Meilenstein im 4./3. Jahrhundert v. Chr. in der Entwicklung der Technik dar, da durch die Nutzung der Wasserkraft mechanische Energie nutzbar gemacht werden konnte. Zu Anfang dienten Wasserräder in der Landwirtschaft als Schöpfrad zum Heben von Wasser. Bereits in römischer Zeit wurden Wasserräder auch für den Antrieb von Mühlen genutzt. Moderne Schaufelräder können Wirkungsgrade von bis zu 85% erreichen was sie nahezu an den Wirkungsgrad von Turbinen heranbringt.

## ARTEN VON WASSERRÄDERN

**Oberschlächtiges Wasserrad**
Die Wasserzufuhr erfolgt über eine Zulaufrinne von oben. Das Wasserrad wird durch seine kinetische Energie (Aufschlagwasser) in Bewegung gesetzt. Im Gegensatz zur Wasserturbine benötigt ein oberschlächtiges Wasserrad keinen Rechen um Treibgut herauszufiltern.
Fallhöhe 3-7m
Durchflussmenge 100-500 l/s
Drehzahl 3-10 U/min
Wirkungsgrad bis über 80 Prozent

**Mittelschlächtiges Wasserrad**
Die Wasserzufuhr erfolgt mittels Leitschaufel etwa in Achsenhöhe.
Fallhöhe 0,5-3m
Durchflussmenge 200-600 l/s
Drehzahl 3-10 U/min
Wirkungsgrad bis zu 85 Prozent

**Unterschlächtiges Wasserrad**
Die Wasserzufuhr erfolgt unterhalb der Achsenhöhe. Das Wasser fließt unter dem Rad in einem Kropf durch. Der Kropf ist eine Führung welche dem Rad angepasst ist und verhindert dass das Wasser unterhalb und seitlich der Schaufeln abfließt.
Drehzahl 1-3 U/min
Wirkungsgrad bis zu 70%

**Tiefschlächtiges Wasserrad**
Das tiefschlächtige Wasserrad kommt ohne Gefälle aus. Das Rad wird allein durch den Strömungswiderstand der Schaufelbretter angetrieben.
Der Wirkungsgrad liegt bei ca. 60%

Oberschlächtiges Wasserrad

Unterschlächtiges Wasserrad

# MÜHLENARTEN

**Getreidemühlen**
waren früher Mahlmühlen, die am häufigsten vorkamen. Nur die mächtigen Mühlsteine geben heute noch Zeugnis einer großen Vergangenheit. Heute sind sie kaum noch zu finden. Der Mahlgang besteht aus einem Paar waagrecht liegender Mühlsteine, von denen der Untere, der Bodenstein, fest liegt, während der Obere, der Läufer, durch Wasserkraft in Drehung gesetzt wird und dadurch das Mahlgut zwischen den Steinen zerreibt.

**Lohmühlen**
sind Gerbereien, in denen mit Hilfe pflanzlicher Mittel Tierhäute zu Leder verarbeitet wurden. Ein Mahlwerk war nötig, um damit ein Schlag- oder Hammerwerk anzutreiben, welches das Leder walkte.

**Ölmühlen**
in den Ölmühlen wird aus Ölfrüchten wie z.B. Disteln, Raps, Sonnenblume, Senf, Lein, Hanf, Oliven, Rizinus oder Walnüsse, reines Speiseöl gewonnen. Ein Walzwerk zerkleinert zunächst die Früchte, die anschließend in einer hydraulischen Presse zwischen Tüchern kalt ausgepresst werden.

**Sägemühlen**
sind im waldreichen Schwarzwald sehr oft zu finden. Die Wasserkraft dient zum Antrieb der Gattersägen, in denen die angelieferten Baumstämme zu Brettern, Dielen, Balken und Dachsparren gesägt werden.

**Hammermühlen**
sind Schmieden mit einem durch Wasserkraft betriebenen Hammer. Dabei bewirkt die Drehbewegung des Wasserrades über eine Nockenwelle das Heben des Hammers, der dann durch die Schwerkraft auf das zwischen Amboss und Hammer gehaltene Werkstück schlägt.

**Bannmühlen**
Im Mittelalter führte das Anwachsen der Städte und Siedlungen zu einem regen Bau von Wassermühlen. Friedrich Barbarossa erließ 1150 das Bannrecht und sicherte somit den Grundherren das alleinige Recht zum Bau und Betreiben einer Mühle zu. Anfänglich konnten sich nur Klöster und Großgrundbesitzer eine Mühle leisten. Der Müller war daher ein „Unfreier". Der Grundherr erlaubte innerhalb eines bestimmten Gebietes, dem sogenannten Bannkreis, nur eine einzige Mühle. Alle Einwohner mussten dort ihr Getreide mahlen lassen und einen Mahl Lohn entrichten. Im beginnenden 19. Jahrhundert wurde mit Einführung der Gewerbefreiheit das Bannrecht abgeschafft.

# MÜHLEN - ROUTE 1
## LAHR - GUTACH - OBERPRECHTAL - SIMONSWALD - NEUKIRCH - OBERGLOTTERTAL

Diese sehr romantische Mühlenroute ist mit ca. 112 km eine der schönsten Fahrten durch den Schwarzwald. Man erlebt wirklich Schwarzwald pur.
Der Start ist in Lahr/Schwarzwald und beginnt bei der sehr idyllischen „Dammenmühle" in Lahr-Sulz. Auf der L 415 fährt man über den Schönberg an der Burg Hohen Geroldseck vorbei ins Kinzigtal und weiter auf der B33 über Haslach nach Hausach. Nach dem Ort biegt man rechts ab Richtung Villingen-Schwenningen. Vor Gutach im Kinzigtal, dem Herzen im Schwarzwald, liegt das „Freilichtmuseum Vogtsbauernhof". Man kann die alten Mühlen, Schwarzwaldbauernhöfe und das Bauernleben kennen lernen, wie es vor 400 Jahren war. Fünf Mühlen stehen auf dem großen Freigelände. Aus dem Jahre 1609 die „Hausmahlmühle", wo auch Vorführungen stattfinden, die „Hammerschmiede, Ölmühle, Klopfsäge und Hanfreibe". Das Freilichtmuseum Vogtsbauernhof ist ein einmaliges Erlebnis. Die Fahrt geht weiter. Nach Gutach biegt man rechts ab. Hinter der Passhöhe vom Landwassereck steht rechts eine der schönsten Mühlen im Schwarzwald, die noch mit Stroh gedeckte „Landwasserhofmühle" mit dem davor liegenden liegende Bauerngarten.
Über Elzach geht es auf der L 294 bis Bleibach. Dort biegt man rechts ab in das Simonswäldertal. In Simonswald mitten im Ort beim Festplatz liegen die „Schloss- und Kronenmühle". Am Ortsende von Simonswald steht rechts die „Historische Ölmühle". Sie wurde 1712 erbaut und ist vom Haustyp ein Schwarzwälder Heidenhaus. Weiter führt die Route von Simonswald bis Gütenbach. Nach dem Ort zweigt man rechts ab auf die B 500 Richtung Hinterzarten. Danach gleich wieder rechts nach Neukirch bis ins Hexenloch zur mystischen „Hexenlochmühle". Sie ist Symbol der Schwarzwälder Kulturlandschaft und wurde 1825 erbaut. Die Besonderheit der Mühle ist, dass sie von zwei Wasserrädern angetrieben wird. Dort kann man direkt am Heubach Kaffee trinken oder ein Schwarzwälder Vesper einnehmen. Sie ist eine der schönsten Fotomotive im Schwarzwald. (Siehe Titelbild).
Über Altglashütte führt die Mühlenroute nach St. Märgen. Genießen sie den herrlichen Panoramablick über die Schwarzwaldberge zum Feldberg. In St. Peter ist eine Besichtigung des Klosters möglich. Nach dem Ort biegt man rechts ab ins romantische Glottertal. Hier wurde die Fernsehserie „Schwarzwaldklinik" gedreht. Vor dem Ort Oberglottertal liegt links unterhalb vom Hilsingerhof die „Hilzinger Mühle". Malerisch klappert die Mühle am rauschenden Glotterbach. Hier kann man die Ruhe genießen und die Seele baumeln lassen.

# KARTE MÜHLEN - ROUTE 1
## STRECKENLÄNGE 112 KM

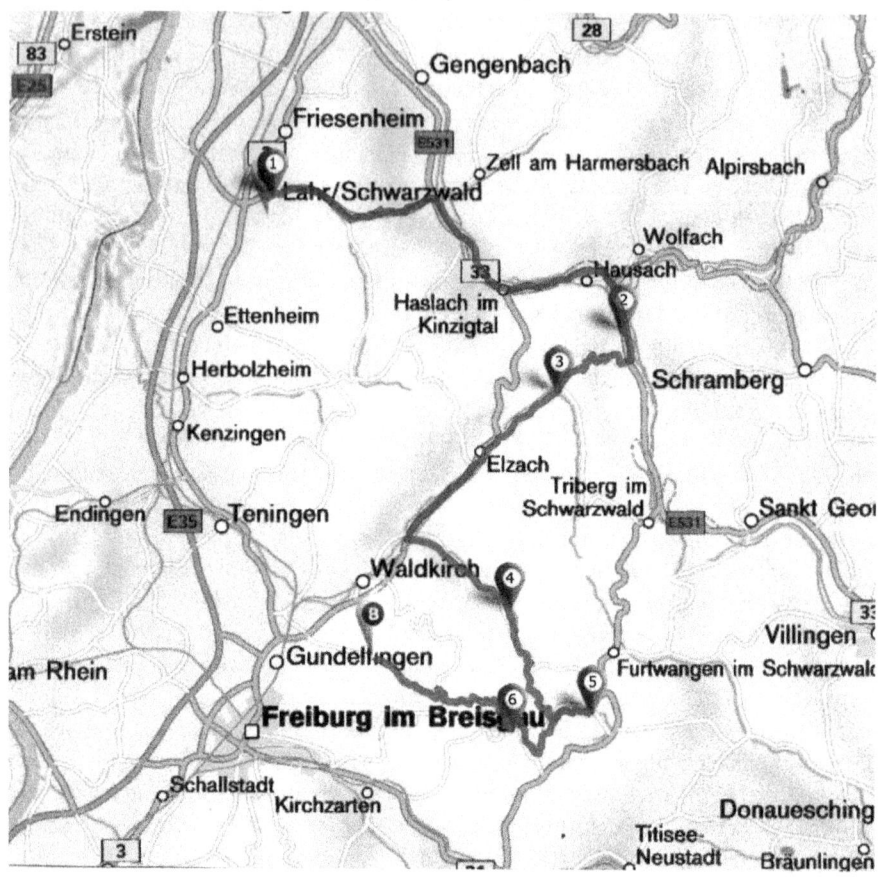

# DAMMENMÜHLE IN LAHR / SCHW.

## O SCHWARZWALD, O HEIMAT, WIE BIST DU SO SCHÖN!

Die Dammenmühle in Lahr wurde 1787 vom damaligen Müller Christian Kammerer als Mahlmühle mit Hanfreibe gegründet. Sie ist der Geburtsort des Heimatdichters und Poeten Wilhelm Kammerer (1847-1924). Er war der Verfasser des Gedichtbandes „O Schwarzwald, O Heimat, wie bist Du so schön" und als Schwarzwaldsänger bekannt. Ludwig Huck hat im Jahr 1900 eine Gastwirtschaft eingerichtet. Er ließ auch den See ausheben. Nach dem Brand von 1904 wurde der Mühlenbetrieb eingestellt. 1955 übernahm Otto Breig die bestehende Gaststätte und erweiterte sie großzügig. 2008 erwirbt Edgar Kenk das Anwesen, restauriert und modernisiert die Gebäude und Außenanlage liebevoll zu einem malerischen Ensemble. Das Hauptgebäude und der See werden 2009 zum anerkannten Naturdenkmal. Heute ist die Dammenmühle ein romantisches Hotel–Restaurant südlich von Lahr gelegen. Sie ist ein sehr idyllischer Ort und idealer Platz für Festlichkeiten, Hochzeiten, Familienfeiern, Kunst- und Kultur Veranstaltungen. Die Dammenmühle ist aber auch ein herrliches Ausflugsziel. Hier können die Familien ihre Kinder mitbringen, auf dem See mit dem Ruderboot fahren, im tiefen Winter Schlittschuhlaufen. Im Tiergehege gibt es Pfauen, Hasen und Gänse und im Stall kann man die Pferde und Esel bewundern. Auch eine weiße Hochzeitskutsche ist vorhanden. Sehr erholsam ist ein Spaziergang rund um den idyllischen See. Im Innenhof klappert ein Mühlrad und plätschert ein schöner Brunnen. Ein Genuss ist im Sommer der große Biergarten, wo man unter schattigen Bäumen sitzen kann. Ein herrliches Erlebnis direkt am See den Kaffee zu trinken, dem Lied des Pirols zu lauschen und dem Gesang des Rohrsängers, der im Schilf nistet. Auch dem bunten treiben der Enten und den Schwänen kann man zuschauen. Regelmäßig finden auch Oldtimertreffen für Veteranen-, Old- & Youngtimer, Motorräder und Traktoren statt mit Musikevents. Die Gäste werden im Restaurant kulinarisch verwöhnt. Die Küche bietet gute badische Gerichte. Besondere Spezialitäten sind das Schnitzel a la Nelson und Restaurationsbrote. Vorzüglich sind die selbstgemachten Kuchen, welche in der eigenen Konditorei hergestellt werden und die Eismeringuen nach altem Rezept.

**Anfahrt:** BAB A5 Karlsruhe–Basel, Ausfahrt Lahr abfahren. Ca. 7 km auf dem Autobahnzubringer (B36) Richtung Lahr-Stadtmitte fahren. Nach dem Arena-Einkaufspark rechts abbiegen zum Ortsteil Sulz. Nach ca. 1,6 km liegt kurz vor Sulz rechts die Dammenmühle.
**Standort:** Dammenmühle 1, 77933 Lahr/Schwarzwald, Ortsteil Sulz.
**Informationen:** Hotel – Restaurant Dammenmühle, Tel. 07821/93930
E-Mail: info@hotel-dammenmuehle.de, www.hotel-dammenmuehle.de
**Top Tipp:** Reisende finden im reizenden Ambiente des Hotels eine preiswerte, erholsame Unterbringung und im Restaurant gutes, badisches Essen.

Dammenmühle in Lahr

Dammenmühle Innenhof

Dammenmühle See

# FREILICHTMUSEUM VOGTSBAUERNHOF IN GUTACH IM KINZIGTAL

Hier erlebt man den Schwarzwald, wie er früher war. In einem wunderschönen Ensemble wurden um den Vogtsbauernhof typische Schwarzwaldhäuser wieder aufgebaut, wo man die verschiedenen Schwarzwaldhaustypen und das Leben und Arbeiten der Schwarzwaldbauern in den letzten 400 Jahren besichtigen kann. Auf dem großen Freigelände befinden sich auch fünf Mühlen, die „**Hausmahlmühle**" aus dem Jahr 1609, die „**Klopf- und Plotzsäge**" von 1673, „**Hammerschmiede und Ölmühle**", sowie die „**Hanfreibe**".
Sehenswert sind bei einem Rundgang der Vogtsbauernhof welcher 1612 erbaut wurde, der Hippenseppenhof von 1599 mit Uhren und Trachten aus dem Schwarzwald, Hofkapelle (1736), Taglöhnerhaus (1819), Schauinslandhaus (1730) mit Schneflerhandwerk, Falkenhof (1737) mit Milch und Viehwirtschaft und historischen Lichtquellen, Hotzenwaldhaus (1756) mit Textilhandwerk, Gutacher Speicher (1606), Hermann-Schilli-Haus, Back- und Brennhaus (1870), Kinzigtäler Speicher (1601), Lorenzenhof (1608) mit Wald- und Forstwirtschaftsausstellung, Regionale Gesteins- und Mineraliensammlung, Glasbläserei, Kinzigtäler Backhütte und Leibgedinghaus (1652)

**Anfahrt:** BAB A5, Ausfahrt Offenburg, Richtung Gengenbach bis nach Hausach. Nach Hausach rechts abbiegen Richtung Villingen-Schwenningen. Vor Gutach liegt rechts das Freilichtmuseum Vogtsbauernhof.
**Standort:** 77793 Gutach im Kinzigtal
**Informationen:** Tel.07831/93560, www.vogtsbauernhof.org
**Öffnungszeiten:** Ende März bis Anfang November täglich von 9–18 Uhr (letzter Einlass 17 Uhr) im August täglich von 9–19 Uhr
**Top Tipp:** Im Rahmenprogramm werden interessante Vorführungen der Mühlen und Sägen durchgeführt. Es ist ein sehr lohnendes Ausflugsziel.

# HAUSMAHLMÜHLE
## EINE DER ÄLTESTEN SCHWARZWÄLDER MÜHLEN

Diese Mühle wurde 1609 für den Adamshof in Vorderlehengericht erbaut und wurde als Getreidemühle genutzt. Bis 1963, also rund 350 Jahre, hat sie für die Bauern dieses Hofes das Brot- und Futtermehl gemahlen. Dann musste sie der neuen Bundesstraße durch das hintere Kinzigtal weichen. Das Straßenbauamt Offenburg hat sie dann, da man den Wert dieses technischen Denkmals erkannte, dem Freilichtmuseum „Vogtsbauernhof" in Gutach geschenkt. Sie wird von einem oberschlächtigen Wasserrad angetrieben und klappert wieder seit dem 17. Juni 1965 zur Freude aller Mühlenfreunde des Schwarzwaldes und der Liebhaber alter Techniken.

**Standort:** Freilichtmuseum Vogtsbauernhof in Gutach im Kinzigtal direkt neben dem Vogtsbauernhof
**Vorführungen:** dreimal am Tag hört man plötzlich ein Klappern, wenn die Getreidemühle angeworfen wird. Jeden Tag am 11.00, 12.15 und 14.15 Uhr.

# KLOPF- & PLOTZSÄGE

Diese Mühle wurde 1673 erbaut auf dem Wilmershof in Schwärzenbach und bis zu ihrer Umsetzung ins Freilichtmuseum 1963 genutzt. Sie wird von einem mittelschlächtigen Wasserrad angetrieben. Bei einer Umdrehung des Wasserrades wird der Rahmen mit dem Sägblatt durch Nocken am Wellbaum drei Mal nach oben geschlagen. Dieses Schlagen erzeugt ein weithin hörbares Klopfen. Dadurch erhielten diese Mühlen den Namen Klopfsäge.
Klopfsägen waren seit dem 16. Jahrhundert als Bauernsägen im Schwarzwald verbreitet und wurden von den Höfen mit großem Waldbesitz betrieben. Sie schnitten das ganze Stammholz für den Eigenbedarf und Verkauf. Auch Sägen im Lohn für andere Bauern brachte zusätzliches Einkommen.
Auf dieser Klopfsäge konnten bis zu sechs Meter lange Stämme zersägt werden. Für einen Schnitt benötigte man ca. 45 Minuten. Gesägt wurden Bretter und Bohlen von 20mm bis zu 80mm Stärke für den Hausbau, Möbel und Wagen bau. Im Museum wird die Klopfsäge noch zu besonderen Anlässen vorgeführt.

**Standort:** Freilichtmuseum Vogtsbauernhof in Gutach im Kinzigtal, rechts neben dem Vogtsbauernhof. Sie ist mit Nr.12 im Wegeführer gekennzeichnet.

Hausmahlmühl

Klopf- & Plotzsäge

# HAMMERSCHMIEDE

Sie stammt aus Ottenhöfen, der Inventar aus Gutach und Glottertal. Sie existierte bis 1938. Die Gutacher Schmiede war bis 1970 in Betrieb, die Schmiede in Glottertal bis 1992. Der Wiederaufbau im Freilichtmuseum „Vogtsbauernhof" erfolgte 1974.
Der gewaltige Schwanzhammer der Schmiede wird von einem oberschlächtigen Wasserrad angetrieben. Am Wasserrad ist ein Nockenrad am Wellbaum befestigt. Es dreht sich mit und hebt dabei den Hammer an. Der schwere Hammer fällt auf einen stählernen Amboss, auf dem das heiße Eisen grob geschmiedet wird. Auf der Esse in der rechten vorderen Ecke brannte ein Holzkohlenfeuer, das durch den Blasebalg an der Decke immer wieder neu entfacht wurde. Hier sind die Eisen glühend gemacht worden. Auf dem freistehenden Amboss ist anschließend die Feinarbeit geleistet und das Eisen mit dem Schmiedehammer von Hand in eine entsprechende Form geschmiedet worden. Am großen Schleifstein wurden vom Schmied Werkzeuge aus Eisen wie Hämmer, Beile, Äxte, Nägel, Eisenreifen für Wagenräder und Hufeisen hergestellt.

**Standort:** Freilichtmuseum Vogtsbauernhof in Gutach im Kinzigtal. Sie steht rechts neben dem Eingangsgebäude und wird mit Nr. 20 im Wegführer gekennzeichnet.

# ÖLMÜHLE

Die Ölmühle wurde 1840 in Bickelsberg, Kreis Bahlingen erbaut. Sie war in einem Sandsteingebäude mit Ziegeldach bis 1945 genutzt. Die Umsetzung ins Freilichtmuseum erfolgte 1974. Ölmühlen waren oft mit anderen technischen Einrichtungen wie Hammerschmieden kombiniert. Sie wurde als Zusatzerwerb betrieben. Ursprünglich war die Ölmühle in Bickelsberg gleichzeitig zum Mosten genutzt worden. Das Ölen geschah vorwiegend in den Wintermonaten.
Die Bauern brachten ihre Ölfrüchte wie Raps, Mohn, Walnüsse, Lein, um für den Eigenbedarf Öle pressen zu lassen. Die Öle waren damals nicht nur Nahrungsmittel sondern wurden auch als Lampenbrennstoffe für Öllampen, Firnisse und Schmierstoffe verwendet.
Zur Ölgewinnung waren drei Arbeitsgänge notwendig:
Zerkleinern der Ölsamen im Kellergang, Pressen der gequetschten Ölsamen in der Spindelpresse und Erhitzen der zerquetschten Samen in einer Trommel.

**Standort:** Freilichtmuseum Vogtsbauernhof gemeinsam im Gebäude der Hammerschmiede rechts neben dem Museumseingang. Sie ist auf dem Wegeplan mit der Nr. 20 gekennzeichnet.

**Hammerschmiede**

**Ölmühle**

# HANFREIBE

Im 13. Jahrhundert wurde die Hanffaser zur Papierherstellung verwendet und war der wichtigste Rohstoff für die Papierproduktion. So entstand 1290 in Nürnberg die erste Papiermühle in Deutschland. Die berühmte Gutenberg – Bibel wurde 1455 auf Hanfpapier gedruckt, ebenso 1776 die amerikanische Unabhängigkeitserklärung.

Die Hanfreibe im Freilichtmuseum in Gutach gehörte zur Oberen Mühle in Steinach und wurde bis 1928/29 betrieben. Hanfreiben wurde von Kundenmühlen ausgeführt, sie gehörten also nicht zu einem Bauernhof und kamen bei der Gewinnung von Hanf- und Flachsfasern zum Einsatz. Nachdem aus den Pflanzenstielen Fasern gewonnen waren, wurden diese zu Zöpfen gedreht. Diese Zöpfe sind dann auf die Hanfreibe gelegt worden, damit der darüber walzende Stein zurückgebliebene Holzteilchen zerquetschte und die Fasern weich rieb. Anschließend wurden die Fasern in einem letzten Verarbeitungsschritt nochmals gekämmt.

**Standort:** Freilichtmuseum Vogtsbauernhof in Gutach im Kinzigtal. Sie ist auf dem Wegeplan mit der Nr. 18 gekennzeichnet.

Hanfreibe

# LANDWASSERHOFMÜHLE OBERPRECHTAL
## KLASSISCH – HISTORISCHE MÜHLE MIT STROHDACHOPTIK

Die sehr romantische klassisch-historische Mühle ist eine der schönsten noch erhaltenen typischen Schwarzwaldmühlen mit Strohdachoptik. Sie ist eine Mühle zum Verlieben! 1766 erstmalig benannt wurde sie 1969 renoviert u.a. wurde das Wasserrad aus Eisenblech durch ein Holzwasserrad ersetzt.
Interessant an der Mühle ist ein gesonderter Wohnteil der bis 1914 den Altbauern des Landwasserhofes als Leibgeding (Wohnhaus für die Altbauern) diente. Zusätzlich gibt es einen kleinen Stall und einen Speicher.
Heute noch wird in der Mühle das Korn für den Eigenbedarf gemahlen. Vor der Mühle gibt es einen sehenswerten Bauerngarten.

**Anfahrt:** BAB Karlsruhe – Basel. In Freiburg Nord abfahren Richtung Freiburg. Über Waldkirch ins Elztal nach 79215 Elzach. Kurz nach Elzach rechts abbiegen Richtung Gutach im Kinzigtal und Hornberg.
**Standort:** Die Mühle steht an der L 107 zum Landwassereck links vor der Passhöhe vor dem Landwasserhof.
**Informationen:** Fam. Moser, 79215 Elzach-Oberprechtal, Tel. 07682 1276
**Öffnungszeiten:** Die Mühle und der Bauerngarten können von außen immer besichtigt werden.
**Tipp:** Eine der schönsten Mühlen und Fotomotive im Schwarzwald

Landwasserhofmühle

Mühlrad

# KRONENMÜHLE IN SIMONSWALD

Die Kronen Mühle wurde nach dem Gasthof „Krone Post" benannt. Sie ist um 1800 erbaut worden und gehörte zum Adamshof bei St. Märgen. Bis in die fünfziger Jahre war sie in Betrieb. Danach wurde sie als Stall genutzt und war zum Zeitpunkt des Abbaus ziemlich verfallen. Bernhard Burger, der Besitzer des Gasthofes „Krone Post", ließ die Mühle restaurieren und an dem Festplatz neben der Schlossmühle wieder aufbauen. Der Simonswälder Zimmermann Helmut Tritschler hat mit seinem handwerklichen Geschick dieses Kleinod geschaffen. Die Mühle wird mit einem oberschlächtigen Mühlrad angetrieben. Das Wasser wird aus dem Ettersbach entnommen, läuft durch Eigengefälle durch eine Rohrleitung unter der Wildgutach durch und fließt über einen Holzkähner auf das Mühlrad der Kronenmühle.

**Anfahrt:** BAB A5, Karlsruhe-Basel, Ausfahrt Freiburg Nord, über Waldkirch K 5104 ins Elztal. In Gutach im Breisgau rechts abzweigen auf der L 173 ins Simonswäldertal und bis nach Simonswald fahren.
**Standort:** 79263 Simonswald beim Festplatz
**Informationen:** Tourist Information, Talstr. 14a, 79263 Simonswald, Gasthaus Krone Post, Tel. 07683/265, E-Mail: simonswald@zweitälerland.de
**Öffnungszeiten:** Die Kronenmühle ist zu jeder Zeit von außen zu besichtigen.

# SCHLOSSMÜHLE IN SIMONSWALD

Die Schlossmühle wurde 1678 erstmals erwähnt. Als Kundenmühle hatte die Schlossmühle das Recht Wein auszuschenken. 1980 wurde die Mühle an ihrem alten Standort abgetragen. Durch den Simonswälder Zimmermann Helmut Tritschler erfolgte 2004 der fachgerechte Wiederaufbau. Die Schlossmühle steht heute direkt neben der Kronenmühle mitten in Simonswald beim Festplatz.

**Anfahrt:** BAB A5 Karlsruhe-Basel, Ausfahrt Freiburg Nord, über Waldkirch K 5104 ins Elztal. In Gutach im Breisgau rechts abzweigen ins Simonswäldertal auf der L 173 bis nach Simonswald.
**Standort:** 79263 Simonswald beim Festplatz
**Informationen:** Tourist Information, Talstr. 14a, 79263 Simonswald, Tel. 07683 19433, E-Mail: simonswald@zweitälerland.de
**Öffnungszeiten:** Die Schlossmühle ist zu jeder Zeit von außen zu besichtigen.
**TopTipp:** Mühlen-Rundwanderweg Simonswald (Karte mit Beschreibung erhält man bei der Tourist Information) Hier liegen die Kronenmühle, Schlossmühle, Schwanenhofmühle, die Historische Ölmühle, Wehrlehofmühle und Pfaffbauernmühle. Die Gehzeit für diesen wunderschönen Mühlen-Wanderweg beträgt etwa drei Stunden.

# HISTORISCHE ÖLMÜHLE IN SIMONSWALD
## EIN SCHWARZWÄLDER HEIDENHAUS

Umrahmt von der Wildgutach und dem Mühlenkanal steht die Kulturhistorische Ölmühle wie auf einer Insel talaufwärts am Simonswälder Mühlen-Rundwanderweg. Vom Haustyp ist sie ein Heidenhaus das 1712 erbaut wurde. Diese Hausart ist wohl die älteste Form des Schwarzwälder Bauernhauses.
Die Ölmühle wird von einem unterschlächtigen Wasserrad angetrieben. Sie besteht aus einer Rapsmühle, einem Ölofen, Reibstein und Pressvorrichtung.
Zu Öl wurden verarbeitet Raps, Mohn, Bucheckern und Walnüsse. In der Trotte presste man auch Trauben und später Obst zu Most. Die Gemeinde Simonswald erwarb 1999 die Ölmühle und verpachtete sie an den Brauchtumsverein Simonswäldertal 2000 e.V. Seit 2002 wird wieder Walnussöl hergestellt.

**Anfahrt:** BAB A5, Karlsruhe-Basel, Ausfahrt Freiburg Nord auf der K 5104 nach Waldkirch. In Gutach im Breisgau rechts abbiegen ins Simonswäldertal und auf der L 173 bis nach Simonswald. Am Ortsende liegt rechts die Ölmühle.
**Standort:** Talstr. 55, 79263 Simonswald (ca. 20 Gehminuten vom Zentrum).
**Informationen:** Tel. 07863 909257, E-Mail: simonswald@zweitälerland.de
**Öffnungszeiten:** Von Ostern bis Allerheiligen Do. und Sa. von 10-15 Uhr.
**Tipp:** Mühlenführungen, Herstellung von Walnussöl, Mosten, Brot- und Flammenkuchen backen finden während der Saison statt. Nach Vereinbarung für Besuchergruppen ab 10 Personen. Auf Wunsch gibt es Bauernvesper.

# HEXENLOCHMÜHLE IN NEUKIRCH
## SYMBOL DER SCHWARZWÄLDER KULTURLANDSCHAFT

Die Hexenlochmühle ist eine der schönsten Schwarzwaldmühlen, mystisch gelegen zwischen St. Märgen und Furtwangen in einem schluchtartigen Tal, dem Hexenloch. Sie ist Symbol der Schwarzwälder Kulturlandschaft und wurde 1825 erbaut. Seit 1839 befindet sich die Mühle in Familienbesitz und wird nun schon von der 4. Generation, Familie Karl-Friedrich Trenkle" weitergeführt. Zuerst wurde der Teil mit dem kleineren Wasserrad als Nagelschmiede erbaut, später kam der Anbau mit dem größeren Wasserrad als Sägemühle hinzu. Die Mühle hat zwei Wasserräder. Das Große besitzt einen Durchmesser von 4m. Sie werden vom Wasser des Heubaches angetrieben und erzeugen ca. 13 PS. Damit wird noch heute die Säge angetrieben. Gesägt wird allerdings nicht mehr, nur noch zu Vorführzwecken. Dafür wird seit Ende der 80er Jahre zusätzlich zu den beiden Wasserrädern über eine Turbine ein Generator angetrieben, der mehr Strom liefert als in der Mühle benötigt wird. Bis vor wenigen Jahren wurden in einer Werkstatt Gehäuse für Kuckucksuhren gefertigt. Heute beherbergt die Mühle eine gemütliche Schwarzwaldstube mit Freiterrasse direkt am Heubach. Hier kann man frühstücken, vespern, ab 11.30 Uhr ein Menü aus der reichhaltigen Speisekarte wählen, oder am Nachmittag den hausgemachten Kuchen und Kaffee genießen. In 2 Mühlenläden werden Schwarzwälder Spezialitäten wie Bienenhonig, Beerenweine, ausgesuchte Schnäpse, Schwarzwälder Schinken und Bauernspezialitäten, sowie Schwarzwälder Souvenirs, Kuckucksuhren, Schilderuhren, Weihnachtskrippen und geschnitzte Holzfiguren angeboten. Darüber hinaus ist sie Ausgangspunkt zahlreicher Wanderungen zum Balzer Herrgott, zu den Schwarzwaldorten St. Märgen, St. Peter oder Furtwangen, den Zweribachwasserfällen und der Teichschlucht.

**Anfahrt:** BAB A5, Karlsruhe-Basel, Ausfahrt Freiburg Nord ins Glottertal. Über St.Peter, St.Märgen bis Erlenbach, dann links abbiegen Richtung Neukirch. Die Mühle liegt im Hexenloch. Eine weitere Anfahrtsvariante geht von Furtwangen über Neukirch und von dort zur Hexenlochmühle oder über Waldkirch, Simonswald, durch das wildromantische Wildgutachtal bis zum Hexenloch.
**Standort:** Hexenlochstraße 13+14, 78120 Furtwangen-Neukirch
**Informationen:** Touristinfo Furtwangen, Lindenstr.1, 78120 Furtwangen, Tel. 077239295-0, E-Mail: touristinfo@furtwangen.de, www.furtwangen.de oder E-Mail: info@hexenlochmuehle.de, www.hexenlochmuehle.de Hexenlochmühle Tel. 07723/7322, Fax 07669/1441
**Öffnungszeiten:** April - Oktober täglich von 9.30-18 Uhr, Dezember - März 10-17 Uhr, Mittwoch geschlossen!
**Top Tipp:** schönes Fotomotiv! Schwarzwälder Spezialitäten und Souvenirs. Sehr gute Einkehrmöglichkeit zum Frühstücken, Kaffee trinken, Vespern und Essen.

Hexenlochmühle

Hexenlochmühle

# HILZINGER MÜHLE IN OBERGLOTTERTAL
## ÄLTESTE HOFMÜHLE IM BREISGAU-HOCHSCHWARZWALD

Romantisch gelegen am rauschenden Bach der Glotter ist sie die älteste Hofmühle im Breisgau-Hochschwarzwald. Sie wurde 1621 vom damaligen Hofbauer Johann Hilzinger errichtet und war bis 1963 funktionsfähig. Die Jahreszahl ist über dem Türsturz des Mühlentors noch zu erkennen. Nach Jahren der Vergessenheit und des Verfalls wurde 1984 das Strohdach mit Schilf erneuert. 1990-91 wurde die Hofmühle originalgetreu restauriert. Seit 1995 sind die Besitzer der Mühle Agnes und Reinhard Hilzinger. Die Mühle wird durch ein unterschlächtiges Holzfelgenrad angetrieben, das Wasser aus der Glotter durch einen Graben an die Mühle geführt, dessen letztes Stück in einen Holzkähner mündet. 2009 wurde das Schilfdach durch ein neues Holzschindeldach ersetzt.

**Anfahrt:** BAB A5 Karlsruhe-Basel, Ausfahrt Freiburg Nord nach Denzlingen ins Glottertal, talaufwärts bis Ortsteil Oberglottertal, rechts ausgeschildert zum Wuspenhof liegt die Mühle unterhalb vom Hilzingerhof.
**Standort:** 79286 Oberglottertal, Talstr. 151, unterhalb vom Hilzinger Hof
**Informationen:** Tourist Information, Rathausweg 12, 79286 Glottertal.
Tel. 07684/9104-0, Fax –13, E-Mail: tourist-info@glottertal.de, www.glottertal.de
und Fam. Reinhard Hilzinger, Tel. 07864/278
**Öffnungszeiten:** Von Mai bis Oktober bietet die Tourist Information Glottertal jeden Freitagvormittag bei einer geführten Wanderung die Besichtigung der Hilzinger Mühle an. **Tipp:** Auf Vorbestellung gibt es ein deftiges Mühlenvesper mit Schwarzwälder Spezialitäten.

Hilzinger Mühle

# MÜHLEN - ROUTE 2

## LAHR - SEELBACH - LITSCHENTAL - DÖRLINBACH, ETTENHEIMMÜNSTER - ETTENHEIM - LAHR

Diese kleine Mühlentour ist mit ca. 48 km eine sehr malerische Mühlentour mit außergewöhnlichen Mühlen. Die Mühlenroute startet in Lahr und beginnt bei der **„Dammenmühle"** in Lahr-Sulz. Auf der B 415 fährt man bis Reichenbach und zweigt nach der Ortsausfahrt Reichenbach rechts ab auf die L 102 ins schöne Schuttertal und fährt bis nach Seelbach. In der Mitte von Seelbach (beschildert) geht es rechts ab in die Litschentalstr. 24 zum einzigartigen Mühlenensemble **„S´ Glatze Mühle"**. Eigentümer ist in der dritten Generation die Familie Glatz. Das private Mühlenmuseum liegt direkt an der Schutter. Mühlenexperten halten die denkmalgeschützte Anlage für die wohl vielfältigste historische Mühlenanlage mit original erhaltener Technik. Zwei große Wasserräder treiben sie an. Die Mühle vereint eine Getreidemühle die aus dem Jahr 1750 stammt, eine Gerstenstampfe ca. 1800, Ölmühle 1848, Sägemühle 1851, Brennholzsäge und Besäumsäge ca. 1900, Kelterei ca. 1955 und Kleinwasserkraftanlage. Der Schwarzwaldverein verlieh 1994 den Emil-Imm- Kulturpreis. Beeindruckende Mühlenführungen werden angeboten, siehe Beschreibung S`Glatze Mühle.
Von Seelbach führt die Mühlenroute weiter ins romantische Litschental zur **„Geroldsecker Waffenschmiede"** in der Litschentalstr. 111a. Sie wurde 1280 gegründet und ist seit 1596 im Besitz der Familie Fehrenbach. Die Schmiede stellte einst Waffen für die Ritter der Burg Hohengeroldseck her. Auch heute noch werden nach Vorlagen Waffen als Sammler- und Liebhaberstücke angefertigt. Auch hier werden Vorführungen durchgeführt. Man fährt zurück nach Seelbach und weiter auf der L 102 bis nach Dörlinbach. In der Ortsmitte beim Rathaus führt links ein Weg ins Prinschbachtal. Nach etwa 1,5km erreicht man die Jägertonihofmühle. Die Hofmahlmühle stellt unter den Bauernmühlen eine Besonderheit dar. Die Getreidemühle ist in einem Kornspeicher integriert. In der **„Jägertonihofmühle"** finden Mühlenvorführungen statt. Man kann auch hofeigene Produkte wie Holzofenbrot, Waldhonig, Schinken und Bauchspeck, sowie Schnäpse einkaufen. Urig ist auch das Schwarzwälder Bauernvesper. Von Dörlinbach fährt man weiter Richtung Schweighausen. Vor dem Ort zweigt man rechts ab auf die L 103 zum Streitberg. Oben auf dem Streitberg fährt man rechts Richtung Ettenheim. In Ettenheimmünster liegt am Ortseingang rechts die **„Klostermühle"** in der Münstertalstr. 37. Sie wurde 1664 erbaut und ist heute noch in Betrieb. Die Besichtigung ist ein echtes Erlebnis. Ein Genuss ist das von der Müllerfamilie gebackene Mühlenbrot oder das Mühlenvesper. Für Wanderfreunde gibt es ab Ettenheim den **„Ettenheimer Mühlenwanderweg"** an dem 12 Mühlen liegen. Von Ettenheim fährt man zurück auf der B3 nach Lahr zur **„Dammenmühle"**.

# KARTE MÜHLEN - ROUTE 2
## STRECKENLÄNGE 48 KM

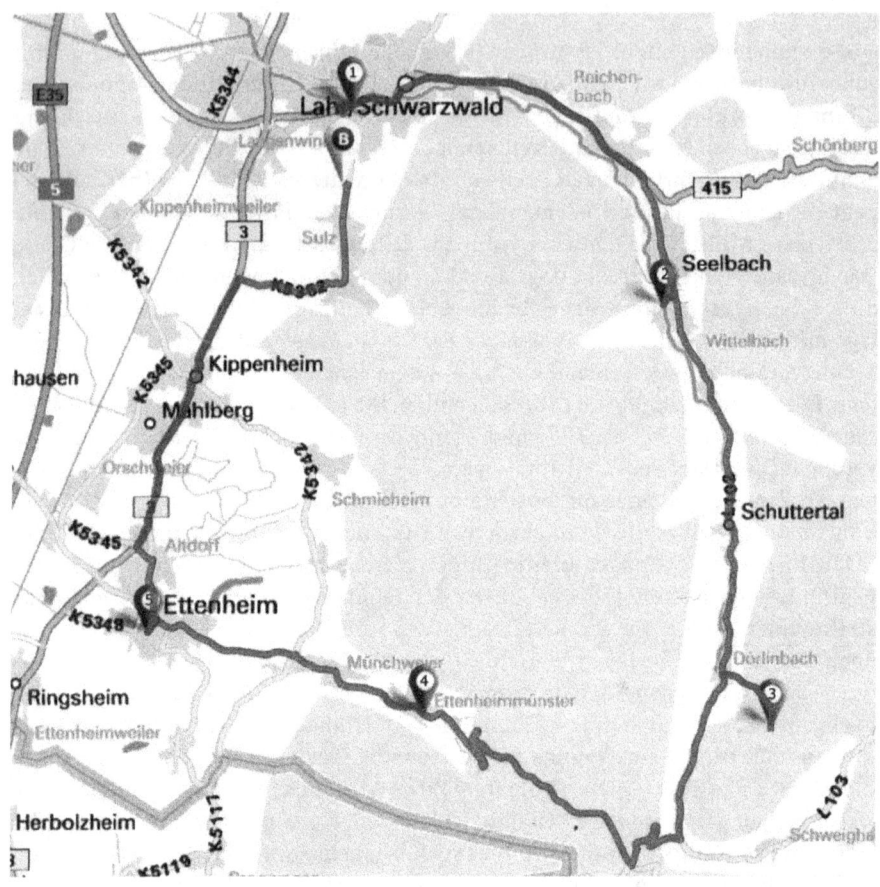

# S´GLATZE MÜHLE IN SEELBACH
## EINZIGARTIGES MÜHLENENSEMBLE

S´Glatze Mühle liegt an der Schutter in Seelbach und wird von zwei Wasserrädern angetrieben. Sie ist eine vielfältige, historische Mühlenanlage mit dazugehörigem Wohnhaus, Ökonomiegebäude, Backhäusle und Schnapsbrennerei. Eberhard Glatz und seine Familie sind in der dritten Generation Eigentümer des einzigartigen Mühlenensembles im Schwarzwald.
Um 1750 entstand die Getreidemühle mit Sandsteinen, ca. 1800 eine Gerstenstampfe, 1848 die Ölmühle mit zwei Walzenmühlen, Ofen mit Rührwerk und Keilpresse. Hinzu kam 1851 eine Sägemühle, um 1900 eine Besäumsäge und Brennholzsäge mit Schiebetisch, riemengetriebener Schärfmaschine mit Schleifstein. 1955 wurde eine Mosttrotte eingerichtet. Heute hat die Mühle eine Kleinwasserkraftanlage zur Stromerzeugung mit programmgesteuertem modernem Generator. Nach einem katastrophalen Hochwasser 1987 wurde die Mühle mit Unterstützung des Landesdenkmalamtes Ortenaukreis, der Gemeinde Seelbach, dem Schwarzwaldverein und einem Freundeskreis der Familie Glatz grundlegend renoviert. Die Architektenkammer Baden-Württemberg und das Landratsamt Ortenaukreis verliehen dafür einen Preis für beispielhaftes Renovieren und 1992 der Schwarzwaldverein den Emil-Imm Kulturpreis.
Heute ist die S`Glatze Mühle ein Mühlenmuseum, ein technik- und kulturgeschichtliches Denkmal. Sie steht unter Denkmalschutz.
Vielfältige historische Mühltechniken wie Öl pressen, Holz sägen, Mehl mahlen werden nach Vereinbarung vorgeführt.

**Anfahrt:** BAB A5, Karlsruhe-Basel, Ausfahrt Lahr und auf der B415 über Lahr bis zum Ortsteil Lahr-Reichenbach fahren. Nach der Ortsausfahrt rechts abzweigen ins Schuttertal. In Seelbach geht es nach der Ortsmitte rechts (Beschilderung) in die Litschentalstraße, zum Mühlenmuseum an der Schutter.
**Standort:** Litschentalstr. 24, 77960 Seelbach
**Informationen:** Tel. 07823 5333 www.muehlenmuseum-schwarzwald.de,
E-Mail: info@muehlenmuseum-schwarzwald.de
**Öffnungszeiten:** Führungen für Gruppen können ganzjährig vereinbart werden. Ansonsten sind in den Monaten Juni, Juli, August, jeweils am Mittwoch um 18 Uhr Führungen angeboten. Am Deutschen Mühlentag sind Besichtigungen ganztägig möglich.
**Tipp:** der Saal im Mühlenspeicher mit seinem einmaligen Ambiente und romantischer, rustikaler Mühlenstimmung kann man für ganz private Veranstaltungen und Feiern mieten. Bis zu 75 Personen finden darin Platz.

**S´Glatze Mühle in Seelbach**

**Mühlenspeicher**

**Getreidemühle mit Sandsteinen**

# GEROLDSECKER WAFFENSCHMIEDE IN SEELBACH – LITSCHENTAL

## EINE DER ÄLTESTEN WAFFENSCHMIEDEN IN DEUTSCHLAND

Sie ist eine wasserbetriebene Hammerschmiede die 1280 erstmals erwähnt wurde. Die Schmiede liegt in einem stillen Seitental des Luftkurortes Seelbach, dem Litschental. Seit 1596 ist sie im Besitz der Familie Fehrenbach. Das Gebäude besteht aus einem Hauptbau mit dem Schmiederaum und einem Anbau mit der Schleiferei. Der Mühlkanal tritt in Höhe des Obergeschosses ein. Sehenswert sind im Innenraum die mächtigen Hämmer und ihre mechanischen Antriebe. Die Mühle verfügt über drei Wasserräder. Das große Rad mit einem Durchmesser von 5,80m wird zum Antrieb des Schleifsteins, das mittelgroße Rad mit 3,20m für den Antrieb der Schmiedehämmer, ein weiteres kleines Rad mit 1,00m für das Drehkolbengebläse genutzt. Die Mühle ist voll funktionsfähig und stellte einst Werkzeuge und Waffen für die Ritter der Burg „Hohengeroldseck" auf dem Schönberg her. 1689 musste ein Urahn des heutigen Besitzers französischen Soldaten, die zuvor die Burg Hohengeroldseck zerstört hatten einen Eid leisten. Er versprach nie wieder Waffen in dieser Schmiede zu fertigen. Durch diesen Eid entkam sie der Zerstörung! Fast 300 Jahre lang hat man sich an diesen Eid gehalten bis es 1970 zum Schwurbruch kam. Man entschied sich aus wirtschaftlichen Gründen Waffen für Sammler- und Dekorationszwecke herzustellen. Nur so konnte die Mühlenschmiede vor dem Ruin gerettet werden. Heute noch werden in der Waffenschmiede nach Vorlagen Waffen als Sammler- und Liebhaberstücke angefertigt. Sie ist eine der letzten produzierenden Waffenschmieden in Deutschland und ein historisches, technisches Kulturdenkmal.

**Anfahrt:** BAB A5 Karlsruhe-Basel, Ausfahrt Lahr auf der B415 über Lahr bis zum Ortsteil Lahr-Reichenbach. Nach der Ortsausfahrt rechts abzweigen ins Schuttertal. In Seelbach geht es nach der Ortsmitte rechts ab in die Dautensteinstr., am Schwimmbad vorbei ins romantische Litschental.
**Standort:** Litschental 111a, 77960 Seelbach / Litschental
**Informationen:** Tel. 07823 2270, www.seelbach-online.de,
**Öffnungszeiten:** Führungen von Ostern–Ende Oktober, Samstags, Sonntags und an Feiertagen am 15.30 Uhr, sowie nach Vereinbarung.
**Tipp:** Von Seelbach kann man bis zur Geroldsecker Waffenschmiede auf dem „Naturlehrpfad Litschental" wandern. Diese Wanderung ist ein besonders schönes Naturerlebnis. Gegenüber der Waffenschmiede lädt das Gasthaus Schwert zum Verweilen ein und bietet leckere badische Küche in urgemütlichen Gasträumen, sowie einer Gartenwirtschaft an. In preiswerten, behaglichen Fremdenzimmern kann man einen ruhigen Urlaub verbringen.

# Geroldsecker Waffenschmiede

# JÄGERTONIHOFMÜHLE IN DÖRLINBACH – PRINSCHBACHTAL

## 500 JAHRE ALTE BAUERNHOFMÜHLE

Die bestehende Hofmühle wurde erstmalig im Jahr 1511 erwähnt. Die heutige Mühle ist 1842 errichtet worden und stellt eine Besonderheit dar. Die Getreidemühle mit Wasserantrieb ist in einem Kornspeicher neben dem Jägertonihof integriert. Dabei wurden die Kornkästen des alten Fruchtspeichers, der oberhalb des Hofes stand, sowie die Mühleneinrichtung der unterhalb des Hofgutes gelegenen Mühle übernommen und mit einem als Mostkeller, sowie Mahlraum genutzten Erdgeschoss zu einem funktionalen Wirtschaftsgebäude vereint. Im hölzernen Obergeschoss der Hofmühle sind zwei alte Kornspeicherräume für Getreide eingerichtet. Das oberschlächtige Wasserrad der Mühle hat einen Durchmesser von 3,80 m und besteht aus Metall. Früher war es aus Holz gefertigt. Es befindet sich auf der Nordseite des Mühlengebäudes. Das Wasser kommt aus dem oberhalb der Mühle gelegenen Spannteich. Mit Hilfe der Wasserkraft werden durch Transmissionsriemen eine Schrotmühle, Kreissäge, Schleifstein und ein Generator, welcher Strom für die Beleuchtung der Mühle erzeugt, angetrieben. Die Jägertonihofmühle wurde 1983 bis 1985 mit Unterstützung der Denkmalpflege, der Gemeinde Schuttertal und Gerhard Finkbeiner renoviert. Hauptinitiator war der damalige Hofbauer Anton Kopf. Die heutigen Mühlenbesitzer sind Isolde und Alfred Kopf. Als weitere Nebengebäude stehen neben der Mühle das Back- und Brennhaus. Heute wird noch regelmäßig Holzofenbrot im geräumigen Ofen gebacken. In der neuzeitlichen Brennerei werden verschiedene Schnäpse hergestellt. Im Hofladen verkauft man eigene Schnäpse, Schinken und Bauchspeck, Eisbein in Aspik, Holzofenbrot, Wurst in Darm und Dosen, sowie Waldhonig aus eigener Herstellung. Im urigen Mühlenkeller werden hofeigene Erzeugnisse wie frische Blut- und Leberwurst, feine Lyoner, hausgemachter Bauchspeck, leckerer Waldhonig und frisches Holzofenbrot serviert. Zum Trinken gibt es dazu hofeigenen Apfelmost, Apfelsaft und Schnäpse.

**Anfahrt:** BAB A5, Ausfahrt Lahr, dann auf der B415 bis zum Ortsteil Lahr-Reichenbach. Danach rechts abzweigen ins Schuttertal. Über Seelbach geht es an der Schutter entlang bis nach Dörlinbach. Beim Rathaus in Dörlinbach links abbiegen ins Prinschbachtal. Nach ca. 2 km erreicht man die Jägertonihofmühle.
**Standort:** Prinschbach 1, 77978 Dörlinbach, Prinschbachtal
**Informationen:** Isolde & Alfred Kopf, Tel. 07826 718
E-Mail: tourist-info@schuttertal.de , Tel. 07826 966619
**Öffnungszeiten:** vom 1.April–31.Oktober
**Tipp:** Mühlenführungen für Gruppen ab 8 Personen nach Voranmeldung und von Juni bis Ende September an jedem Freitag einer ungeraden Woche um 17 Uhr eine Mühlenführung mit Bauernvesper im historischen Mühlenkeller.

Jägertonihofmühle

Oberschlächtiges Wasserrad

# ETTENHEIMER MÜHLENWANDERWEG
## DAS WANDERN IST DES MÜLLERS LUST

Nach diesem Motto kann man 12 romantische Mühlen auf dem 7,5 km langen Ettenheimer Mühlenwanderweg entdecken. Ausgangspunkt ist das Ettenheimer Rathaus. Dort erhält man bei der Tourist- Information ein Info Prospekt über den Ettenheimer Mühlenwanderweg einschließlich Wanderwegkarte.

Das Mühlenradzeichen weist den Weg durch das barocke Städtchen zum Mühlenwanderweg. Die Wanderung dauert etwa 3 Stunden und beginnt bei der **Belzmühle** in der Rheinstr. 13 in Ettenheim. Sie wurde 1659 erstmals erwähnt als Reibenmühle. Angebaut war eine Lohemühle. Sie gehörte den Rotgerbern die in der Belzmühle Eichen- und Fichtenrinde für die Gerbung mahlten. 1920 wurde die Mühle stillgelegt. Nach einem Brand ist sie wieder mit viel Liebe aufgebaut worden. Seit 1997 wird sie als Wohn- und Geschäftshaus genutzt.

Die **Stadtmühle** befindet sich im Ortszentrum von Ettenheim in der Alleestr. 1 in Ettenheim. 1637 wurde sie bei der Einäscherung Ettenheims ein Raub der Flammen. Wiederaufgebaut wurde sie 1668. Es wird vermutet, dass die Mühle die frühere Bischofsmühle war. Vorhanden waren eine Säge, eine Dreschmaschine und Gerberei. Seit 1735 hat die Stadtmühle das Wasserrecht. Sie mahlt heute noch mit Wasserkraft. Größten Wert legt man auf traditionelle, umweltschonende Herstellung von Getreideprodukten und Mehl, die man im angeschlossenen Mühlenladen kaufen kann.

Die **Fuchsmühle** liegt am Mühlenweg 23a in Ettenheim und wurde 1721 nach den früheren Müllern namens Fuchs benannt. 1780 wurde das Mühlhaus im barocken Baustil errichtet. Sie besaß eine Dreschmaschine die 1930 durch eine Wasserturbine angetrieben wurde. Nach dem 2. Weltkrieg ist der Betrieb eingestellt worden. Heute dient die Wasserturbine der elektrischen Stromgewinnung.

Die **Mittelmühle** liegt zwischen der Fuchsmühle und Sägmühle am Mühlenweg. 1721 wurde sie erstmals erwähnt. 1880 erwarb die Gerberfamilie Henninger die Mühle. Sie besaß auch ein Sägewerk. Die Stilllegung erfolgte 1964. Sie wird heute als Kraftfahrzeugwerkstätte genutzt.

Die **Sägmühle/Tröndlemühle** am Riedbächlein ist erstmals 1721 genannt. Das jetzige Gebäude wurde 1770 erbaut. Den Namen der Mühle erhielt sie von der Sägerei. Im Wasserbau der Mühle befanden sich drei oberschlächtige Wasserräder. Sie wurde mit Hilfe von Treibriemen angetrieben. Der Sägmüller Tröndle baute 1955 eine Turbine ein. Sie diente zum Mahlen und zur Erzeugung von Strom. Der Betrieb wurde 1976 eingestellt.

Die **Riedmühle** war eine Mahlmühle. Der von Weiler kommende Riedmühlenbach trieb das Mühlrad an, das sich in der Müllerei befand. Vor dem 1.Weltkrieg wurde der Mühlenbetrieb eingestellt. Heute wird sie als landwirtschaftliches Anwesen genutzt.

Die **Löffelmühle** im Winkel 2 in Münchweier, erwarb 1584 Blasius Grafmüller von der Gemeinde Münchweier. Sie war eine Hanf-Reibemühle mit einer Steinwalze, die auf einer festen, ebenen, kreisrunden Bahn die gebrochenen Hanfstengel zerrieb. Das Kloster Ettenheim erstellte 1683 ein massives Gebäude. Anton Franz erbaute 1799 eine Mahlmühle dazu. 1816 ersteigerte Johannes Löffel die Mahl- und Reibemühle. Seit dieser Zeit heißt sie im Volksmund „Löffili Miihli". Der Mühlenbetrieb wurde 1968 eingestellt.

Die **Stegmühle / Steiners Mühle** ist benannt nach dem alten Steg, der bei der Mühle über den Ettenbach führte. Sie wurde Anfang des 18. Jahrhunderts erstmals genannt. Seit über 130 Jahren ist die Familie Steiner Besitzer der Mühle und wird immer noch betrieben. Sie ist heute deshalb bekannt als Steiners Mühle.

Die **Aumühle / Sägemühle Kiefel** liegt am Ettenheimer Mühlenweg in der Münstertalstr. 4 und wurde erstmalig 1553 erwähnt. Das Kloster in Ettenheimmünster erwarb 1650 die Aumühle und hat sie 1717 als Erblehen abgegeben. Sie war eine Mahlmühle, Säge, Stampfi, Walke und Hanfreibe. Seit 1830 besitzt die Familie Kiefel die Mühle. Seit 1985 ruht der Betrieb.

Die **Sägemühle Weisbach** steht in Ettenheimmünster, Münstertalstr. 32. Vor dem 30jährigen Krieg ist sie 1630 erstmals erwähnt worden. Sie wurde vom Kloster in Ettenheimmünster verpachtet und ab 1803 vom Badischen Staat. 1812 erwarb L. Helbing & Co den Klosterbesitz. Seit 1861 ist sie in Familienbesitz mit einer Hochgangsäge, Hanfreibe und Dreschmaschine. Die Säge wird heute noch mit Wasserkraft betrieben.

Die **Hummelmühle** steht im Dörlinbachergrund 8 in Ettenheimmünster. Sie wurde 1400 erstmals als Mühle erwähnt. Zwischen 1542 und 1990 ist die Getreidemühle nach Zerstörung und Bränden viermal neu aufgebaut worden. 1690 erwarb das Kloster in Ettenheimmünster die Mühle, verpachtete und verkaufte sie später. Seit 1872 ist sie im Besitz der Familie Hummel. Heute ist sie eine der größten Mühlen in der Region und mahlt Roggen und Weizen.

Die **Klostermühle** ist die letzte Mühle am Ettenheimer Mühlenwanderweg.

Für den Rückweg empfiehlt sich auf der anderen Talseite der **Wanderweg „Rund ums Tal"** als beschilderter Weg zurück nach Ettenheim. Von Montag bis Freitag gibt es auch Busverbindungen.

**Anfahrt:** BAB A5 Karlsruhe-Basel, Ausfahrt Ettenheim bis nach Ettenheim.
**Standort:** Beginn der Wanderung beim Ettenheimer Rathaus, über Münchweier nach Ettenheimmünster. Wanderstrecke 7,5 km, Wanderzeit ca. 3 Stunden.
**Informationen:** Tourist-Info im Rathaus, Rohanstr. 16, 77955 Ettenheim
Tel. 07822 432-210, E-Mail: tourist-info@ettenheim.de und www.ettenheim.de
**Tipp:** Besichtigung der **Wallfahrtskirche St. Landelin** in Ettenheimmünster. Sie ist ein barockes Schmuckstück mit ihrer Silbermannorgel und künstlerisch wertvollen Ausstattung.

# KLOSTERMÜHLE ETTENHEIMMÜNSTER
## MÜHLENZAUBER MIT STIMMUNGSVOLLER ATMOSPHÄRE

Am idyllischen Ettenbach erbaute Abt Hertenstein 1664 die klösterliche Mühle in Ettenheimmünster. 1702 kommt ein Fruchtkasten neben der Mühle dazu und 1718 eine Bäckerei. Zwischen 1828 und 1866 wurde das Klostergebäude abgetragen, nur die Mühle blieb erhalten. Seit 1862 ist die Klostermühle in Familienbesitz und immer noch in Betrieb. Seit 1998 gibt es einen Mühlenladen in dem selbst gebackenes Brot, Mehl, Eier, Kartoffeln, Nudeln und Honig verkauft werden. Besonders anziehend ist die schöne Hofanlage mit einem Bauerngarten. Ein echtes Erlebnis ist eine Mühlenbesichtigung, wo man in stimmungsvoller Atmosphäre den Mühlenzauber erleben kann. Sehr beliebt ist das von der Familie Werner Jekutsch gebackene Mühlenbrot.

**Anfahrt:** BAB A5 Karlsruhe-Basel, Ausfahrt Ettenheim in Richtung Ettenheim, dann weiter über Münchweier nach Ettenheimmünster. Die Klostermühle liegt vor dem Ortsausgang links in der Münstertalstr. 37
**Standort:** Münstertalstr. 37, 77955 Ettenheimmünster
**Informationen:** Tel. 07822 9893
Tourist-Info im Rathaus, Rohanstr. 16, 77955 Ettenheim
Tel. 07822 432-210, E-Mail: tourist-info@ettenheim.de und www.ettenheim.de
**Öffnungszeiten:** Montags bis Freitags 8-17 Uhr, Samstags 8-15 Uhr, Dienstag ist Ruhetag. Führungen auf Anfrage
**Tipp:** Mühlenführung, Selbstgebackenes Mühlenbrot und das Mühlenvesper!

# MÜHLEN - ROUTE 3

## LAHR - NIEDERBACH - HOFSTETTEN - OBERHARMERSBACH - GENGENBACH - SCHUTTERZELL

Die Mühlen-Route 3 ist ca. 103 km lang und führt von der sehr idyllischen „Dammenmühle" in Lahr auf der B 415 über den Schönberg, an der Burg „Hohen Geroldseck" vorbei, ins Kinzigtal. In Biberach fahren wir rechts ab auf die B 33 Richtung Villingen-Schwenningen bis nach Steinach und von dort bis in den Ortsteil Niederbach. Dort steht ein malerisches Mühlenschmuckstück, die „Vögeles Mühle" aus dem Jahre 1835. Sie ist ein Kulturdenkmal und wurde als Getreidemühle bis 1996 genutzt. Heute ist sie im Besitz der Familie Claus Vögele und kann für Familienfeste gemietet werden.

Von Niederbach fahren wir zurück nach Steinach, rechts weiter auf der K 5358 bis nach Haslach, wo es im Ort nach Hofstetten abzweigt. Am Waldsee steht die „Kaiserhofmühle" mit ihrer reizvollen Schwarzwaldstil Optik. Sie wurde 1824 erbaut. Auf der K 5356 fahren wir weiter bis nach Biberach zurück und von dort rechts ins schöne Harmersbachtal. Auf der L 94 erreichen wir über Zell a. H. den Ortsteil Oberharmersbach.

Mitten im Dorf neben der Kirche und dem Rathaus liegt der mit Stroh gedeckte „Historische Speicher" welcher heute als Heimatmuseum dient. Daneben steht die „Alte Mühle". Das Mahlwerk stammt aus dem Jahr 1895 und wird von einem oberschlächtigen Wasserrad angetrieben. Sie ist voll funktionsfähig. Der Speicher, die Mühle, das Backhaus, der Bauerngarten und Brunnen bilden ein einmaliges Ensemble, das pure Schwarzwaldromantik ausstrahlt. Wir fahren bis zum Löcherberg und biegen links ab nach Herlesries und fahren weiter nach Nordrach. Am Ortsausgang rechts steht ein Kleinod aus dem Jahre 1881 die kleine „Maile-Giessler-Mühle". Sehenswert ist der vor der Mühle liegende Kräutergarten. Von Nordrach fahren wir weiter über Zell. a. H. nach Biberach und rechts auf der B 33 bis ins malerische Gengenbach. Dort besuchen wir mitten in der Stadt neben der ehemaligen Benediktinerabtei die vierhundert Jahre alte „Klostermühle". Im alten Mühlengebäude wird heute noch sehr leckeres Mühlenbrot gebacken. Schon bevor man den Mühlenladen betritt, weht der Duft von frischem Holzofenbrot in die Nase. Köstlich schmecken die selbstgemachten Datschekuchen oder Speckwecken. Von Gengenbach fahren wir auf der B 33 bis nach Offenburg. Vor der Stadt biegen wir links ab und fahren auf der B 3 bis nach Niederschopfheim. Dort geht es rechts ab auf die K 5332 Richtung Ichenheim. Nach etwa 3 km zweigen wir links ab nach Neuried-Schutterzell. Dort liegt etwa 1 km vor dem Ort links die „Schutterzeller Mühle". Sie hat eine über 100 jährige Tradition und beherbergt heute einen Landgasthof. Die Spezialität der Schutterzeller Mühle sind die verschiedenen Flammenkuchen und flambierter Apfelkuchen.

# KARTE MÜHLEN - ROUTE 3
## STRECKENLÄNGE 103 KM

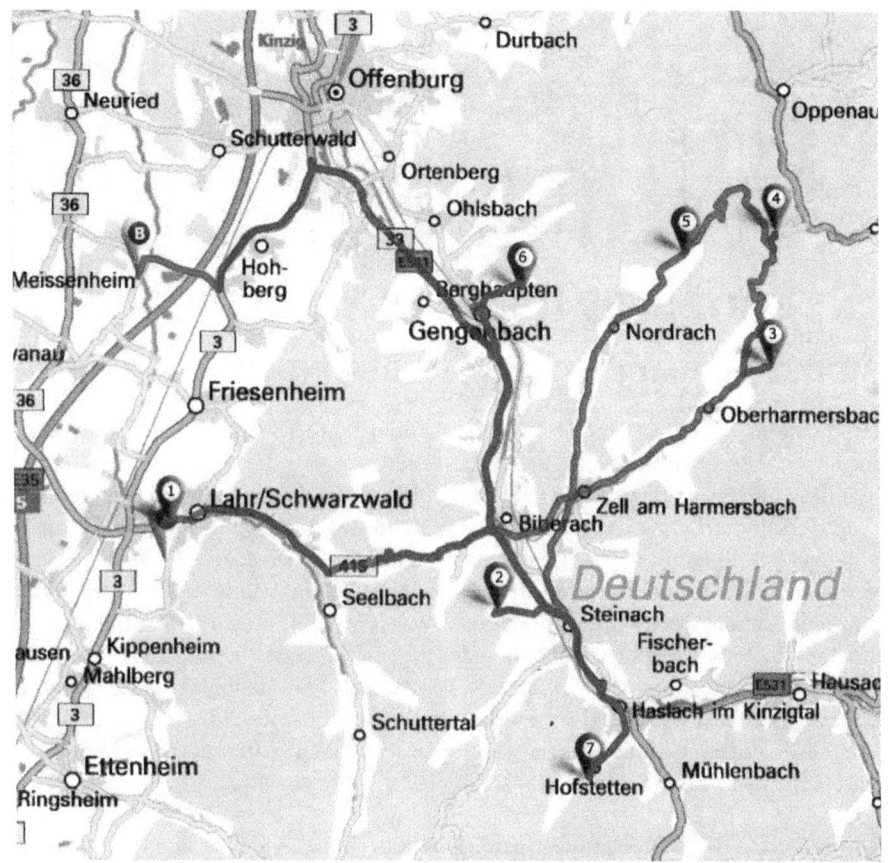

# VÖGELES MÜHLE IN NIEDERBACH
## MÜHLENSCHMUCKSTÜCK MIT BESONDEREM AMBIENTE

Die Vögeles Mühle ist eine Hofmühle aus dem Jahre 1835. Das bäuerliche Kulturdenkmal steht in Steinach, Ortsteil Niederbach. Bis 1966 war sie als Getreidemühle in Betrieb. Danach verfiel die Mühle. 1989-1993 wurde sie fachgerecht renoviert und zu einem Schmuckstück instand gesetzt. Seit 1993 ist die Mühle wieder funktionsfähig. Das Landesdenkmalamt, der Ortenaukreis und die Gemeinde Steinach unterstützten die Renovierung. Die Mühle wird angetrieben durch ein sehenswertes oberschlächtiges Wasserrad mit einem Durchmesser von 4 m, sowie 36 Schaufeln von denen jedes 26 Liter Wasser fassen kann! Das Wasserrad kann eine Leistung von ca. 8 KW erzeugen. Die technische Einrichtung konnte erhalten bleiben. Heute ist die Mühle ein Kleinod und wird nur noch zu Vorführzwecken genutzt. Besichtigungen sind nach Voranmeldung möglich. Mühlenbesitzer sind Familie Claus Vögele.

**Anfahrt:** BAB A5 Karlsruhe-Basel, Ausfahrt Lahr. Auf der B 415 über den Schönberg bis nach Biberach, danach rechts weiter auf der B 33 bis Steinach. In Steinach weiter bis zum Ortsteil Niederbach.
**Standort:** Niederbach 58a, 77790 Steinach, Ortsteil Niederbach.
**Informationen:** Fam. Claus Vögele, Tel. 07832 5056, Handy 0173 6413664
E-Mail: c.voegele@freenet.de, Bürgermeisteramt Steinach Tel. 07832 9198-0
E-Mail: rathaus@steinach.de, www.steinach.de
**Öffnungszeiten:** Besichtigungen nach Voranmeldung.
**Tipp:** Zur Vögeles Mühle kann man auch von Steinach entlang der schönen **Nordic-Walking Route 2** bis nach Niederbach wandern. Die Mühle kann zum Feste feiern im persönlichen Rahmen für 8-25 Personen gemietet werden. Das deftige Mühlenvesper mit eigenem Most und Schnaps, oder Kaffee und selbstgemachter Kuchen gibt es auf Vorbestellung.

Vögeles Mühle

Kleiekotzer

# KAISERHOFMÜHLE IN HOFSTETTEN
## MIT SCHWARZWALDSTIL OPTIK

Die von einem oberschlächtigen Wasserrad angetriebene Mühle wurde 1824 für den Kaiserhof Ullerst erbaut. Das Wasserrad hat einen Durchmesser von 4 m. Nach der Umsetzung wurde sie in Hofstetten neu errichtet. Sie ist besonders reizvoll durch die Schwarzwaldstil Optik.

**Anfahrt:** BAB A5, Karlsruhe-Basel, Abfahrt Offenburg, auf der B 33 im Kinzigtal bis Haslach; dann abzweigen nach Hofstetten.
**Standort:** 77716 Haslach – Hofstetten, am Waldsee, gegenüber der Ortsmitte
**Informationen:** Hauptstr. 5, Gemeinde Hofstetten Tel. 07832 9129-0
**Öffnungszeiten:** Besichtigungen sind nach Absprache mit dem Bürgermeisteramt möglich.

## ALTE MÜHLE IN OBERHAMERSBACH & HISTORISCHER SPEICHER

Pure Schwarzwaldromantik strahlt das Ensemble Historischer Speicher und Alte Mühle in Oberharmersbach aus. Seit 1989 drehen sich wieder die Mahlsteine der Alten Mühle. Das Mahlwerk wurde um etwa 1895 gebaut und wird von einem oberschlächtigen Wasserrad angetrieben. Die Mühle ist voll funktionsfähig und vermittelt einen Überblick über den Aufbau, die Technik und Arbeitsweise einer wassergetriebenen Mühle und führt die Besucher an die Aufgaben und Arbeitsschritte des Müllers heran.

Der daneben liegende Historische Speicher stammt aus dem Jahre 1761 und stand beim „Schwobelenzenhof" im Holdersbachtal. 1985 wurde er abgetragen und als Heimatmuseum in Oberharmersbach originalgetreu wieder aufgebaut. Das Dach ist mit Stroh gedeckt. So entstand mit der Mühle, dem Backhaus, Bauerngarten und Brunnen dieses einmalig schöne Ensemble.

**Anfahrt:** BAB A5 Karlsruhe-Basel, Abfahrt Offenburg; B 33 im Kinzigtal bis Biberach, dann links abbiegen nach Zell am Harmersbach bis nach Oberharmersbach. Dort liegt die Alte Mühle und der Historische Speicher neben der Kirche und Rathaus.
**Standort:** Dorf 30, 77784 Oberharmersbach
**Informationen:** Tourist-Info Oberharmersbach, Tel. 07837 277
**E-Mail:** tourist-info@oberharmersbach.net, www.oberharmersbach.de
**Öffnungszeiten:** Mai-Oktober jeden Dienstag von 10.30 – 12 Uhr
**Tipp:** sehr sehenswertes Ensemble und Fotomotiv.

**Historischer Speicher**

**Alte Mühle**

# MAILE - GIESSLER MÜHLE IN NORDRACH
## KLEINOD MIT KRÄUTERGARTEN

Die Mühle wurde 1881 von Leo Körnle erbaut. Bis 1947 war sie in Betrieb. Der örtliche Schwarzwaldverein renovierte die über 100 jährige Hofmühle gründlich. Heute präsentiert sie sich wieder als Kleinod in fast neuem Glanz.

**Anfahrt:** BAB A5 Karlsruhe-Basel, Abfahrt Offenburg; B 33 im Kinzigtal bis Biberach, dann links abbiegen nach Zell am Harmersbach. Dort links abbiegen und auf der K 5354 bis nach Nordrach fahren. Die Mühle liegt links am Ortseingang von Nordrach.
**Standort:** Winkelwald 1, 77787 Nordrach.
**Informationen:** www.nordrach.de
**Öffnungszeiten:** Vorführungen und Besichtigungen auf Anfrage
**Tipp:** Sehenswert ist der vor der Mühle liegende Kräutergarten.

# KLOSTERMÜHLE IN GENGENBACH
## HOLZOFENBÄCKEREI MIT VERKAUFSLADEN

Das Mühlengebäude ist ca. 400 Jahre alt, die Mühlentechnik etwa 180 Jahre. Sie wird von einem oberschlächtigen Wasserrad mit 4,30 m Höhe und 0,80 m Breite angetrieben. In der siebten Generation, seit 1820, ist die Mühle in Familienbesitz. Vorher war das Kloster Gengenbach in den Räumlichkeiten. Schon bevor man die Klostermühle in Gengenbach betritt, weht der unwiderstehliche Duft nach frischem Holzofenbrot in die Nase. Das leckere Holzofenbrot wird in sechs Schamottöfen mit Tannen- und Buchenholz gebacken. Besonders das Tannenholz verleiht dem Brot einen wunderbaren Geschmack, das Buchenholz ist für die Hitzeerzeugung. Die Klostermühle wird heute als Holzofenbäckerei genutzt.

**Anfahrt:** BAB A5 Karlsruhe-Basel, Abfahrt Offenburg; B 33 im Kinzigtal bis Gengenbach. In der Ortsmitte direkt neben der ehemaligen Benediktinerabtei liegt die Klostermühle.
**Standort:** Klosterstr. 7, 77723 Gengenbach,
**Informationen:** Tel. 07803 3618
**Öffnungszeiten:** Die Besichtigung von außen durch die Tür ist möglich. Führungen nach Absprache.
**Tipp:** Probieren sie das leckere Holzofenbrot, die fantastischen selbstgemachten Datschekuchen oder Speckwecken.

**Wasserrad Klostermühle**

**Innenraum Klostermühle**

# SCHUTTERZELLER MÜHLE
## LANDGASTHOF MIT PREISGEKRÖNTEM BIERGARTEN

Etwa 1 Kilometer vom Neurieder Ortsteil Schutterzell entfernt steht romantisch gelegen an der Schutter die Schutterzeller Mühle. Sie hat eine über 100 jährige Tradition. 1906 wurde die Mühle von Theobald Ziebold gekauft und ist seither in Familienbesitz. Es wurde eine Kundenmühle, ein Sägewerk, Landwirtschaft und eine Schankwirtschaft betrieben. 1951 ist eine neue Turbine für die Mühle und Säge eingebaut worden. Die Getreidemühle wurde 1973 abgemeldet. Im Jahr 1980 baute die Familie Ziebold den alten Schankraum und den Mühlraum zur Gaststätte um. Wo jahrzehntelang Getreide gemahlen wurde ist jetzt ein gemütlicher Gastraum mit einer Galerie. Sehr einladend ist im Sommer der preisgekrönte Biergarten.

**Anfahrt:** BAB A5, Karlsruhe-Basel, Ausfahrt Lahr, Richtung Lahr am Flugplatz entlang bis zum Hirschplatz. Dort im Kreisverkehr links abbiegen und auf der B 3 bis nach Friesenheim fahren. In Friesenheim vor dem Hotel Krone links abbiegen Richtung Schuttern. In Schuttern rechts weiterfahren bis nach Schutterzell. Dort liegt ca. 1 km nach dem Ort in Richtung Ichenheim rechts die Schutterzeller Mühle.
**Standort:** Schutterzeller Mühle 1, 77743 Neuried - Schutterzell
**Informationen:** Tel. 07808 401
**Öffnungszeiten:** Mittwoch-Samstags ab 14 Uhr, Sonn- und Feiertags ab 10 Uhr Montag und Dienstag sind Ruhetag
**Tipp:** Spezialität sind Flammenkuchen, flambierter Apfelkuchen, Bauernvesper.

# MÜHLEN – ROUTE 4

## SASBACH – BÜHLERTAL – SEEBACH – SASBACHWALDEN

Diese Mühlen Route ist 55 km lang und beginnt in Sasbach/Ortenaukreis bei der „**Kühnerhofmühle**". Das historisch bedeutende Mühlenensemble, bestehend aus einer Mahlmühle, Sägemühle, Werkstatt und Wohngebäude, liegt auf einem parkähnlichen Grundstück inmitten von Sasbach in der Oberdorfstr. 5.
Auf der K 3764 fährt man weiter über Bühl nach Bühlertal und erreicht im Ortsteil Untertal in der Hauptstraße 68 das vorbildlich restaurierte Museum „**Geiserschmiede**". Die am vorbeifließenden Bühllot gelegene Mühle hat ihren Ursprung im 16. Jahrhundert. 1891 wird sie zur Hammerschmiedewerkstatt umgebaut und 1999 als Schmiedemuseum eröffnet. Besucher können bei Schmiedevorführungen das Klingen der Hämmer erleben. In den ehemaligen Wohnräumen der Mühle wird eine Ausstellung zur Ortsgeschichte dargestellt.
Über die Schwarzwaldhochstraße gelangt man bis zum sagenumwobenen „**Mummelsee**". Bei einem Spaziergang um den See herum kann man die frische Schwarzwaldluft genießen.
Wir setzen die Fahrt fort und zweigen von der Schwarzwaldhochstraße rechts ab nach Seebach. In sehr reizvoller Lage am Seebächle liegt die 1792 errichtete „**Deckerhof-Mühle**". Seit vielen Generationen ist sie in Familienbesitz. In dieser Mühle begegnen sich Technik aus vergangenen Jahrhunderten und aus diesem Jahrhundert. Im Mühlengebäude wurde eine moderne Peltonturbine eingebaut die so viel Energie erzeugt, dass 23 Haushalte versorgt werden können. Die Mühle wurde dafür mit einem Förderpreis ausgezeichnet.
In Seebach, Ortsteil Grimmerswald, Hilsenhof 1, liegt die über 250 Jahre alte „**Vollmers Mühle**". Sie ist die älteste Lohnmahlmühle im Achertal. Bis 1970 wurde sie genutzt und 1976-1978 renoviert. Heute ist sie ein kleines bäuerliches Museum und voll funktionsfähig. Das oberschlächtige Wasserrad wird vom Grimmerswaldbach angetrieben. In den urgemütlichen Räumen werden Brauchtumsabende veranstaltet.
Wir setzen die Fahrt fort Richtung Sasbachwalden. Vor dem Ort liegt unterhalb vom Straubenhof in der Bergstr. 1 die malerische, noch mit Stroh gedeckte, „**Straubenhofmühle**". Sie ist eine ganz typische Schwarzwälder Mahl- und Sägemühle aus dem Jahr 1789 die von einem oberschlächtigen Wasserrad angetrieben wird. 2001 wurde sie umfassend restauriert, ist voll funktionsfähig und seitdem als kleines Mühlenmuseum in Betrieb. Auf den neben der Mühle befindlichen Tischen und Bänken kann man sein mitgebrachtes Vesper einnehmen und am Abend den wunderschönen Sonnenuntergang genießen.
**Tipp**: In Sasbachwalden sollten sie den hervorragenden Wein „Alde Gott" in einem der sehr schönen Gasthäuser des Ortes probieren.

# KARTE MÜHLEN - ROUTE 4
## STRECKENLÄNGE 55 KM

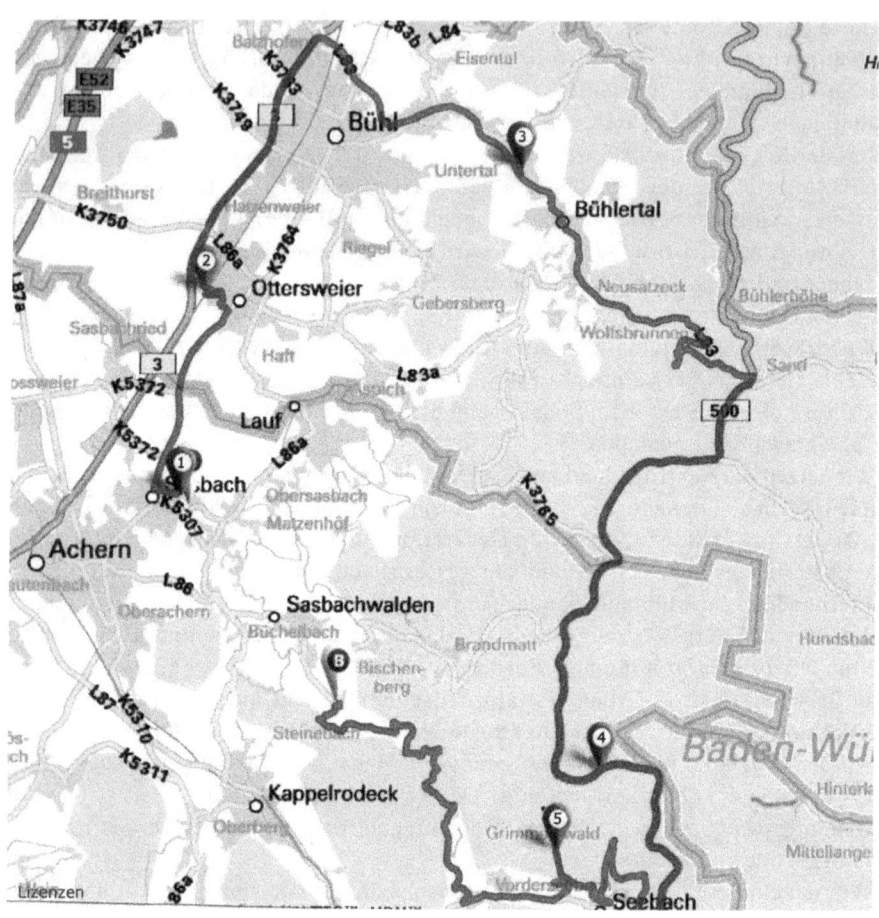

# KÜHNERHOFMÜHLE IN SASBACH
## HISTORISCHES MÜHLENENSEMBLE

In einem malerischen, parkähnlichen Grundstück liegt das historische Mühlenensemble bestehend aus einer Mahlmühle, Sägemühle, Werkstatt und Wohngebäude in Sasbach/Ortenaukreis. Erstmalig erwähnt wurde sie im 15. Jahrhundert. In der Schlacht von Sasbach 1675 ist sie niedergebrannt und zerstört worden. Der Grundstein für das neue Gebäude wurde 1696 gelegt. Eine Sägemühle kam 1833 zusätzlich zur Mahlmühle dazu. Die Mahlmühle mit Mahl- und Schrotgang wird von einem oberschlächtigen, 4,96m hohen Wasserrad, die Sägemühle von einem Mühlrad von 4,00m angetrieben. 1935 wurde zusätzlich für wasserarme Zeiten ein Schiffsdieselmotor installiert.

In den 50-er Jahren entstand hier der Kleintraktor „Dieselzwerg", nach den Plänen von Dipl. Ing. Julius Berger. Die Renovierung des Wohngebäudes erfolgte 1990, danach 1994-1996 die Restauration der Mahl- und Sägemühle. Mit ihnen ist ein bedeutendes Kulturdenkmal erhalten geblieben. Heute sind sie wieder voll funktionsfähig. Im Mühlenpark befindet sich ein Holzbackofen. Die ehemalige Maschinenbauhalle wurde zum Gastraum umgebaut.

**Anfahrt:** BAB A 5, Karlsruhe-Basel, Ausfahrt Achern nach Sasbach.
**Standort:** Oberdorfstr. 55, 77880 Sasbach (Ortenaukreis)
**Informationen:** R. Kühner Tel. 07841/3558,
Verkehrsbüro Sasbach Tel. 07841/6666-812. Öffnungszeiten sind von April-September jeden ersten Sonntag im Monat von 14-16 Uhr.
**Tipp:** Das kleine Mühlenmuseum kann nach Vereinbarung besichtigt werden!

# GEISERSCHMIEDE IN BÜHLERTAL
## VORBILDLICHES SCHMIEDEMUSEUM

Als Projekt einer Bürgerinitiative und der Gemeinde Bühlertal wurde die Geiserschmiede 1999 zu neuem Leben erweckt.
Die Ursprünge der Mühle am vorbeifließenden Bühllot reichen bis ins 16. Jahrhundert zurück. 1891 wird sie zu einer Hammerschmiede umgebaut. Bis 1961 wurde darin gearbeitet und Werkzeuge für die regionale Land- und Forstwirtschaft produziert. Danach lag die Werkstatt 30 Jahre still. Sie war am zerfallen als eine Gruppe Bühlertäler Bürger 1994 begann die Mühle zu sanieren. 1999 wurde sie als Schmiedemuseum eröffnet, die das traditionelle Handwerk des Schmiedes zeigt. Die Einrichtung ist wieder voll funktionsfähig. In den ehemaligen Wohnräumen wird eine Ausstellung zur Ortsgeschichte dargestellt. Ein Multimedia-Terminal informiert über den Antrieb und die Technik der Hammerschmiede. Als „Vorbildliches Heimatmuseum" wurde sie 2002 vom Arbeitskreis Heimatpflege im Regierungsbezirk Karlsruhe ausgezeichnet.

**Anfahrt:** BAB A5 Karlsruhe-Basel, Ausfahrt Bühl auf dem Zubringer bis Bühlertal, Ortsteil Untertal fahren.
**Standort:** Hauptstr. 68, 77830 Bühlertal, Ortsteil Untertal
Das Museum liegt auf der Höhe von der Brombachstraße.
**Information:** Gemeinde Bühlertal, Tel. 07223/9967-0, www.geiserschmiede.de
**Öffnungszeiten:** Jeden dritten Sonntag im Monat von 14-17 Uhr. Im Mai – Oktober zusätzlich jeden Mittwoch von 14-16 Uhr.

# DECKERHOF - MÜHLE IN SEEBACH
## BEISPIEL FÜR REGENERATIVE ENERGIEGEWINNUNG

In idyllischer Lage direkt am Seebächle, das aus dem sagenumwobenen Mummelsee entspringt, liegt die 1792 erbaute Mühle des Deckerhofes. Seit mehreren Generationen ist sie in Familienbesitz. Renoviert wurde die Mühle 1976-1978. Seit dieser Zeit dreht sich das Mühlrad wieder. In dieser Mühle begegnen sich Technik mit Flair aus vergangenen Zeiten und diesem Jahrhundert. Im Mühlengebäude wurde eine moderne Peltonturbine eingebaut. Rund 23 Haushalte können mit dem erzeugten Strom versorgt werden. Die Einsparung an $CO_2$ beträgt ca. 48t. und trägt damit positiv zum Klimaschutz bei. Beim Wettbewerb des Landes Baden-Württemberg „zur Förderung konkreter Projekte zur lokalen Agenda 21" wurde die Mühle 2002 mit einem Förderpreis ausgezeichnet.

**Anfahrt:** BAB A5 Karlsruhe Basel, Ausfahrt Achern auf der L 87- B 500 nach Seebach. Im Ortsteil Hinterseebach, Abzweigung Sommerseite, nach ca. 500m parken vor der Brücke.
**Standort:** Sommerseite 74, 77889 Seebach
**Information:** Veronika & Ralf Decker,
**Tel.:** 07842/8351, E-Mail: deckerhof-muehle@web.de
**Tipp:** Mühlenbesichtigung von Mai-Oktober jeden Mittwoch von 18-19 Uhr. Kleiner Spaziergang zur Brennerei mit Verkostung eigener Destillate und Vesper.

# VOLLMERS MÜHLE IN SEEBACH
## ÄLTESTE LOHNMAHLMÜHLE IM ACHERTAL

Die Vollmers Mühle wurde um 1750 als Bauernmühle erbaut in Seebach, Ortsteil Grimmerswald und ist über 250 Jahre alt. Sie ist die älteste Lohnmahlmühle im Achertal. Das oberschlächtige Wasserrad wird vom Grimmerswaldbach angetrieben. Bis 1970 wurde sie genutzt und danach mangels Rentabilität ganz stillgelegt. Der Heimat- und Verkehrsverein Seebach renovierte 1976-1978 die Mühle. Seither dreht sich das Mühlrad wieder. Heute ist sie ein bäuerliches Museum und voll funktionsfähig. In den urgemütlichen Innenräumen werden Brauchtumsabende veranstaltet, dazu wird traditionelle Volksmusik gespielt.

**Anfahrt:** BAB A5 Karlsruhe Basel, Ausfahrt Achern, auf der L 87 – B 500m (Schwarzwaldhochstraße) nach Seebach.
**Standort:** Hilsenhof 1, 77889 Seebach; Ortsteil Grimmerswald
**Information:** Tourist-Information Seebach, Tel. 07842/948320
**E-Mail:** info@seebach.de, Homepage: www.vollmersmuehle.de
**Öffnungszeiten:** Mai-Oktober jeweils am Sonntag von 10 – 11.30 Uhr.

Deckerhof-Mühle

Vollmers Mühle

# STRAUBENHOFMÜHLE SASBACHWALDEN
## TYPISCHE MIT STROH GEDECKTE SCHWARZWALDMÜHLE

Malerisch liegt oberhalb von Sasbachwalden in einer scharfen Kurve die 1789 erbaute Straubenhofmühle. Sie wird von einem 3,50m hohen, oberschlächtigen Wasserrad angetrieben. Ursprünglich ist sie eine Mahl- und Sägemühle. Bis 1938 wurde sie genutzt. Die Gemeinde Sasbachwalden hat sie 1988 erworben und 2001 umfassend restauriert. Das Strohdach wurde neu mit Reet gedeckt. Seitdem ist sie als kleines Museum in Betrieb und voll funktionsfähig.

**Anfahrt:** BAB A5 Karlsruhe Basel, Ausfahrt Achern bis nach Sasbach im Ortenaukreis, von dort weiter auf der L 85 nach Sasbachwalden.
**Standort:** Bergstr. 1, 77887 Sasbachwalden, etwa 1 km oberhalb vom Ortsausgang, unterhalb vom Straubenhof.
**Information:** Kurverwaltung im Kurhaus „zum Alde Gott"; Talstr. 51, Sasbachwalden. E-Mail: info@sasbachwalden.de, www.sasbachwalden.de
**Tipp:** Die auf einer Feuchtwiese liegende Mühle ist ein schönes Fotomotiv!

# MÜHLEN – ROUTE 5
## OBERKIRCH - WALDULM - FURSCHENBACH - OTTENHÖFEN

Diese 28km lange, sehr malerische Mühlenroute beginnt in Oberkirch bei der **„Ölmühle Walz"** in der Appenweirerstr. 15. Die aus dem Jahr 1832 stammende Ölmühle ist heute immer noch voll funktionsfähig und produziert hervorragende, kaltgepresste und naturbelassene Öle, die im Mühlenladen, sowie Versandhandel verkauft werden. Von Oberkirch fährt man auf der badischen Weinstraße L 86a über die Weindörfer Waldulm bis Kappelrodeck. Hier wachsen mit die besten badischen Rotweine. In Kappelrodeck biegt man rechts ab ins schöne Achertal und fährt auf der L 87 über Furschenbach bis zum Mühlendorf Ottenhöfen. Der **„Mühlenweg Ottenhöfen"** beginnt im Kuhrpark. Dieser Rundweg ist 13km lang und führt an neun restaurierten Mühlen vorbei, der **Hammerschmiede, Mühle am Hagenstein, Köningermühle, Benz-Mühle am Bach, Schmälzle Mühle, Mühle am Rain, Bühler Mühle, Schulze-Bure-Mühle** und **Benz-Mühle im Unterwasser** wieder zurück zum Ausgangspunkt Kurpark. Man wandert durch romantische Seitentäler die sehr schöne Ausblicke auf die Schwarzwaldgemeinde Ottenhöfen und das Achertal bieten. Der Mühlenweg ist einer der schönsten Wanderwege im Schwarzwald.

**Top Tipp:** Die Hin- und Rückfahrt von Achern nach Ottenhöfen und zurück mit dem **„historischen Dampfzügle"** ist ein ganz besonderes Erlebnis!

# KARTE MÜHLEN - ROUTE 5
## STRECKENLÄNGE 28 KM

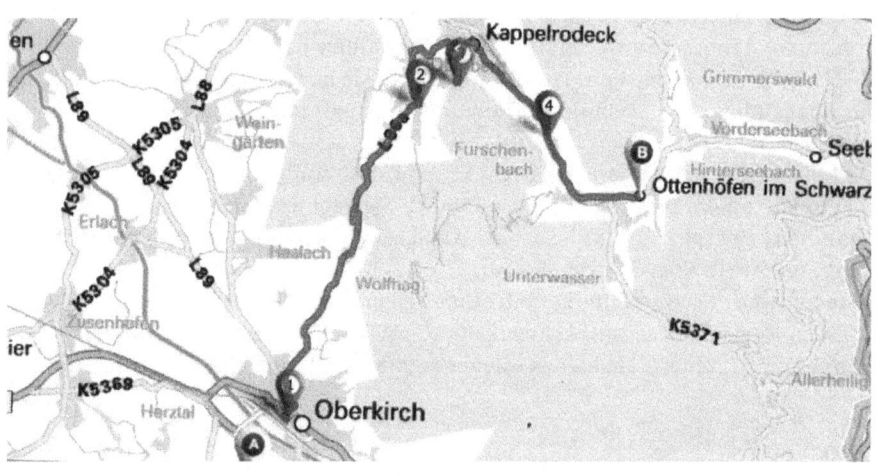

# ÖLMÜHLE WALZ IN OBERKIRCH
## MÜHLE MIT TRADITIONELLER ÖLGEWINNUNG

Im Jahr 1832 entstand die heutige Ölmühle Walz in Oberkirch, welche von einem unterschlächtigen Wasserrad mit 5,00m Durchmesser angetrieben wird. Die Familie Walz übernahm 1911 die Mühle. Sie ist eine voll funktionsfähige Ölmühle mit hydraulischen Stempelpressen. Hergestellt und abgefüllt werden kaltgepresste und naturbelassene Öle aus kontrolliert biologischem Anbau wie Walnuss-, Weizen-, Haselnuss-, Kürbiskern-, Lein-, Mandel-, Mohn-, Raps-, Senf-, Trauben- Kernöl in ganz hervorragender Qualität. Bis heute wird das Öl handwerklich, traditionell hergestellt. Diese werden im Mühlenladen zusammen mit Mehl, Teigwaren, Nahrungsergänzungsmitteln, Naturkosmetik, Trockenfrüchten, Nüssen, Gewürzen, Tees und Säften verkauft, sowie über den Versandhandel.

**Anfahrt:** BAB A5 Karlsruhe-Basel, Ausfahrt Appenweier, auf der B 28 Richtung Appenweier bis nach Oberkirch.
**Standort:** Appenweiererstr. 56, 77704 Oberkirch
**Informationen:** Ölmühle Walz, Tel. 07802/2294, www.oehlmuehle-walz.de, E-mail: oehlmuehle-walz@t-online.de
**Tipp:** Nach Absprache sind Führungen durch die Ölmühle möglich mit anschließender Öl Probe. Eine tolle Geschenkidee sind die Ölgeschenkflaschen.

# DER MÜHLENWEG IN OTTENHÖFEN
## ES KLAPPERN DIE MÜHLEN AM RAUSCHENDEN BACH

Im Mühlendorf Ottenhöfen liegen wunderschöne Mühlen, die man entlang des sehr reizvollen 13km langen Mühlenrundweges erwandern kann. Er ist einer der schönsten Wanderwege des Schwarzwaldes und wurde 1982 eröffnet. An neun restaurierten Mühlen vorbei führt der Weg durch malerische Seitentäler, die sehr schöne Ausblicke auf die Schwarzwaldgemeinde Ottenhöfen und das Achertal bieten. Die Wanderung beginnt beim Bürgerhaus in Ottenhöfen und führt durch den Kurpark. Dort befindet sich eine hölzerne Hinweistafel, auf welcher der Mühlenweg gekennzeichnet ist. Man folgt dem Fußweg durch den Kurpark, biegt beim Hotel Pflug rechts in die Allerheiligenstraße ein, nach 100m links in die Albert-Köhler-Straße. Unterhalb der Kirche am Anfang des Theresienweges liegt die **"Hammerschmiede"**. Sie stammt aus dem 19. Jahrhundert und ist eine Hammer- und Schleifmühle. Das Wasserrad wurde 1982 und das gesamte Gebäude 2001 durch den Schwarzwaldverein Ottenhöfen renoviert.

Man folgt dem Theresienweg und geht links vorbei am Hotel Sternen die L87 in Richtung Seebach. Nach etwa 100m liegt unterhalb einer scharfen Kurve die **"Mühle am Hagenstein"**. Die Mahlmühle wurde 1790 im Fachwerkstil errichtet und ist die älteste Mühle in Ottenhöfen. Sie hatte ursprünglich einen oberschlächtigen Antrieb. Das Wasserrad existiert leider nicht mehr.

Von der Hagensteinmühle geht man das letzte Wegstück wieder zurück bis man etwa 100m unterhalb des Hotels Sternen nach rechts in eine Fahrstraße einbiegt, die aufwärts über den Zieselberg führt. Beim Köningerhof erreicht man die **"Köningermühle"** (ohne Wasserrad) am Zieselberg 11. Die Mahl- und Schrotmühle wurde ursprünglich etwa 1850 in Lenzkirch erbaut. Seit 1922 befindet sie sich auf dem Köningerhof. Die Wasserversorgung erfolgte früher über einen 1 km langen Kanal von der Acher und trieb ein Wasserrad unterhalb des Hofes an. Auf Grund wasserrechtlicher Zwänge musste das Wasserrad 1922 still gelegt werden. Anschließend wurde die Mühle mit einem Elektro-Motor angetrieben, ab 1975 mit einer Riemenscheibe durch einen Traktor. Mühlenführungen mit Bauernvesper und Schnapsproben gibt es für Gruppen. Für Erfrischung sorgt ein Mostbrunnen. Man hat einen herrlichen Blick über Ottenhöfen.

Von der Köningermühle wandert man über den Zieselberg bis zur Buchwaldstraße in Furschenbach auf der man etwa 500m aufwärts geht und dann links in den Fahrweg abbiegt der ans Günseck und zum Oberen Bach führt. Hier liegt die **"Benz-Mühle am Bach"**. Sie wird heute immer noch von der Familie Benz betrieben. Im Hofgebäude oder in der Gartenwirtschaft kann man rasten und sich bei einem deftigen Vesper, oder Flammenkuchen stärken. Die Mühle liegt wie ein Kleinod unterhalb des Hofes und wird versorgt mit Wasser von einem Weiher, das ein oberschlächtiges Wasserrad antreibt. Sie ist über 170 Jahre alt.

Weiter geht man die Talstraße abwärts vorbei am alten Brenn- und Backhäusle des Benzhofes bis zum Weinbergweg. Hier erreichen wir den Schmälzlehof mit der „**Schmälzle Mühle**". Die Mahleinrichtung der ehemaligen Hofmühle ist noch im neuen Gastraum zu sehen. Genießen Sie in der Mühlenstube oder im Hof unter der großen Linde die köstlichen, fangfrischen Forellen. In den 20 Zimmern des Schmälzle Gasthofs kann man auch preiswert übernachten.
Der Mühlenweg führt weiter am Gasthaus Rebstock vorbei. Links wandert man den Floriansweg entlang Richtung Ottenhöfen bis zur malerischen, historischen „**Mühle am Rain**". Diese mehr als 150 jährige Mühle wird durch ein unterschlächtiges Wasserrad angetrieben und zählt zu den Wahrzeichen des Achertals. Sie ist ein sehr beliebtes Fotomotiv.
Weiter folgt man dem Mühlenweg bis in den Lauenbach. Nach den Gewächshäusern einer Gärtnerei biegt man rechts ab in die Lauenbachstraße. Beim großen Wegkreuz geht es links ab und man erreicht die aus dem Jahre 1897 stammende „**Bühler Mühle**". Die Mahlmühle wird mit Wasser aus dem Lauenbächle und Quellen angetrieben, das in einem Teich gespeichert wird. Bei Bedarf fließt das Wasser in einem Graben zur Mühle und wird in einem Holzkähner auf die 32 Schapfen des oberschlächtigen Wasserrades geleitet.
Von der Bühler Mühle wandert man Richtung Hintere Lauenbachstraße und folgt dann dem Fahrweg bis zur Simmerbachstraße. Nach 500m erreicht man die „**Schulze-Bure-Mühle**" im Simmerbach 12a. Die 1860 errichtete Mahlmühle ist im Nebengebäude des Hofes eingebaut. Das Wasser kommt von einem Weiher der 250m talaufwärts vom Simmerbach gespeist wird. Durch eine Rohrleitung und einen Holzkanal wird das Wasser oberschlächtig auf die Schapfen des Mühlrades geführt. Neben der alten Getreidemühle kann man in einer Ferienwohnung seinen Urlaub verbringen (Tel. 07842/8563). Der Mühlenweg führt die Straße abwärts weiter bis zum Gasthaus Schwarzwaldstube und biegt rechts in den Blustenweg ab. Eine weitere Mühle liegt außerhalb des Mühlenwegs. Wer diese noch erwandern möchte folgt der Markierung ab dem Wegweiser Blustenweg in das Wohngebiet Wolfsmatt. Auf der Unterwasserstraße folgt man 1km und erreicht die „**Benz-Mühle im Unterwasser**". Die um 1800 gebaute Mahlmühle ist die zweitälteste Mühle im Ort. Sie hat einen Aufzug mit dem das Mahlgut nach oben transportiert wurde. Der Rückweg ist mit dem Hinweg identisch und verläuft vom Blustenweg weiter nach links in die Allerheiligenstraße, wo man durch den Kurpark wieder den Ausgangspunkt erreicht.
**Anfahrt:** BAB A5 Karlsruhe-Basel, Ausfahrt Achern, auf der L87 über Kappelrodeck, Furschenbach bis nach Ottenhöfen.
**Standort:** (Mühlenweg Beginn) Bürgerhaus/Kurpark 77883 Ottenhöfen
**Informationen:** Kultur & Verkehrsamt Ottenhöfen, Grossmatt 15, 77883 Ottenhöfen Tel. 07842/804-44, E-Mail: tourist-info@ottenhoefen.de hier erhält man auch eine Karte mit den eingezeichneten Mühlen!
**Top Tipp:** Von Achern fährt man 10,5km mit dem historischen Dampfzügle nach Ottenhöfen und kann dabei tolle Eisenbahnnostalgie erleben.

# BENZ-MÜHLE IN FURSCHENBACH
## IDYLLISCH GELEGENE WASSERMÜHLE

Die Benz-Mühle wurde vor ca. 170 Jahren erbaut und liegt idyllisch gelegen unterhalb des 1550 gebauten Benzmühlenhofs. Die Wassermühle diente zwei Höfen zum Herstellen von Mehl, das dann in kleinen Backhäuschen zu Brot verarbeitet wurde. Sie wird versorgt mit Wasser aus einem Weiher, das über einen Holzkanal die 48 Schapfen des oberschlächtigen, 4,40m Durchmesser großen Wasserrades antreibt. Sie wurde 1982/83 aufwendig restauriert und ist heute voll funktionsfähig. Im Hofgebäude befindet sich eine rustikale Vesperstube, sowie eine Gartenwirtschaft, wo man rasten und deftige Vesper essen kann.

**Anfahrt:** BAB A5 Karlsruhe-Basel, Ausfahrt Achern auf der L 87 Richtung Achern, über Kappelrodeck bis Furschenbach. Am Bahnübergang beim Gasthof Rebstock links abbiegen. An der Schmälzle Mühle vorbei ca. 1,3 km bis zur Benz–Mühle.
**Standort:** am Bach 17, 77883 Ottenhöfen/Furschenbach
**Information:** Benz–Mühle Tel. 07842/257, www.benz-muehle.de
**Tipp:** Das Mühlenvesper mit selbstgebackenem Brot und Butter, leckere Flammkuchen vom Holzbackofen, Most aus dem Holzfass, eigene Schnäpse und Liköre. Mühlenführungen gibt es vom 1. April – 1. November.

# SCHMÄLZLE-MÜHLE IN FURSCHENBACH
## GASTHOF MIT MÜHLENSTUBE UND RESTAURANT

Der Schmälzlehof stammt aus dem Jahre 1680. Die Mühle wurde 1900 errichtet und mit einem Elektromotor angetrieben. Bis zuletzt wurde die Hofmahlmühle zum Getreide mahlen genutzt. Die Mühleneinrichtung wurde als Dekoration im neuen Gastraum erhalten. Sie kann durch ein Fenster auch von außen gesehen werden. Heute wird die Schmälzle Mühle als Gasthof mit uriger Mühlenstube und Restaurant genutzt. Bei schönem Wetter ist es sehr erholsam in der Gartenwirtschaft unter der großen Linde im Hof zu speisen. Im Gasthof laden 20 preiswerte Zimmer zum Verweilen ein.

**Anfahrt:** BAB A5 Karlsruhe-Basel, Ausfahrt Achern auf der L 87 Richtung Achern, über Kappelrodeck bis Furschenbach. Am Bahnübergang beim Gasthof Rebstock links abbiegen. Nach ca. 300m liegt links der Schmälzlehof.
**Standort:** Dorfstr. 12, 77883 Ottenhöfen, Ortsteil Furschenbach
**Information:** Schmälzlehof, Tel.: 07842/60385, www. schmaelzle-hof.de
**Tipp:** Genießen Sie fangfrische Forellen aus eigener Zucht und köstliche Forellengerichte. Vom deftigen Vesper bis zum Gourmet-Menü wird alles geboten. Besonders hervorzuheben ist die sehr nette Gastfreundschaft!

**Benz-Mühle**

**Schmälzle-Mühle**

# MÜHLE AM RAIN IN FURSCHENBACH

## WAHRZEICHEN IM ACHERTAL

Die Mühle am Rain ist eine sehr malerische, mehr als 150 Jahre alte, Bauernmühle im Achertal. Das Mahlwerk stammt aus dem Jahr 1875. Die Besonderheit an der Mühle ist das unterschlächtige Wasserrad, d.h. das Wasser wird von der Acher über einen Kanal von "unten" auf die 38 Radschaufeln des 4,20m Durchmessers großen Wasserrads geleitet, um dieses in Bewegung zu setzen. Im Inneren der Mühle befinden sich zwei Mühlsteine aus Sandstein mit Durchmesser 1,05m. Sie sind 250 - 400kg schwer. In den 70er Jahren wurde die Mühle vom Schwarzwaldverein Ottenhöfen vollständig renoviert und ist wieder voll funktionsfähig. Da die Renovierungsarbeiten wesentlich teurer wurden, ist 1974 das „Mühlenfest an der „Rainbauernmühle" ins Leben gerufen worden, um die Mehrkosten zu finanzieren. Seither ist sie eine feste Veranstaltung. Sie ist ein Wahrzeichen im Achertal.

**Anfahrt:** BAB A5 Karlsruhe-Basel, Ausfahrt Achern auf der L 87 Richtung Achern bis Furschenbach. Nach Furschenbach liegt rechts die Mühle am Rain.
**Standort:** Am Rain 2, 77883 Ottenhöfen/Furschenbach
**Information:** Tourist-Information., Kultur-und Verkehrsamt Ottenhöfen, Großmatt 15, 77883 Ottenhöfen, Tel. 07842804-44, www.ottenhöfen.de
**Tipp:** sie ist ein beliebtes sehr malerisches Fotomotiv im Achertal!

## Mühle am Rain

# MÜHLEN - ROUTE 6

## LAUTERBACH-VESPERWEILER-GARRWEILER-UNTERREICHENBACH

Diese Mühlenroute hat eine Länge von 135km und beginnt in Lauterbach bei der **„Mooswaldmühle"**. Sie ist eine der schönsten Bauernmahlmühlen im Schwarzwald und liegt sehr idyllisch auf einer Waldlichtung. Sie ist mit Stroh gedeckt und stammt aus dem Jahre 1657, die Inneneinrichtung ist gut erhalten. Wir fahren auf der L108 durch Schramberg weiter auf der B462 Richtung Freudenstadt. Durch Freudenstadt hindurch auf der B28 Richtung Tübingen. In Lützenhardt fahren wir auf der L398 durchs Waldachtal nach Vesperweiler. Hier befindet sich die **„Mönchhof-Sägemühle"**. Sie wurde erstmals 1435 erwähnt und ist eine der wenigen Sägemühlen im nördlichen Schwarzwald, die im Original erhalten und funktionsfähig geblieben ist. Jeweils donnerstags wandelt sich der alte Sägeraum in ein lebendiges Lokal um. Bei der hausgemachten Bauernvesper wird in uriger Atmosphäre Musik gespielt. Auf der L398 fahren wir weiter durch Durrweiler hindurch und dann auf der B28 durch Altensteig, wo wir über die L362 und K 4358 Garrweiler erreichen.

Hier liegt im schönen Zinsbachtal neben dem gleichnamigen Gasthaus, die **„Kohlsägemühle"**, welche 1741 erbaut wurde.

Über die L 362 fahren wir weiter durch Altensteig, dann auf der L351, B294 durch Höfen an der Enz und von dort auf der L343 durch Langenbrand. Auf der K4318 erreichen wir Unterreichenbach und die 1332 erstmals erwähnte **„Obere Kapfenhardter Mühle"**. Sie war eine Bannmühle und wird heute immer noch als Getreidemühle genutzt. 1984 wurde sie modernisiert. Ein Mühlenlädele kam 1985 dazu. Etwa 200m unterhalb der Oberen Kapfenhardter Mühle liegt die **„Untere Kapfenhardter Mühle"** aus dem 12. Jahrhundert. Sie ist immer noch in Betrieb und heute eine vollautomatische Mahlmühle. Angegliedert sind eine Mühlenbäckerei, Naturkost Mühlenladen, sowie Landhotel mit Restaurant. Hier kann man zum Abschluss dieser Mühlentour schwäbische Spezialitäten oder fangfrische Forellen aus der Forellenzuchtanlage genießen.

**Tipp:** Auf den Spuren der Mühlen entlang des Reichenbaches kann man auf dem **Mühlenweg** wandern, der 8km lang ist. Früher lagen 11 Mühlen an diesem Weg, von denen heute noch vier in Betrieb sind: Die Obere- und Untere Kapfenhardter Mühle, sowie Sägewerk Heller und Burkhard in Unterreichenbach.

# MÜHLEN - ROUTE 6
## STRECKENLÄNGE 135 KM

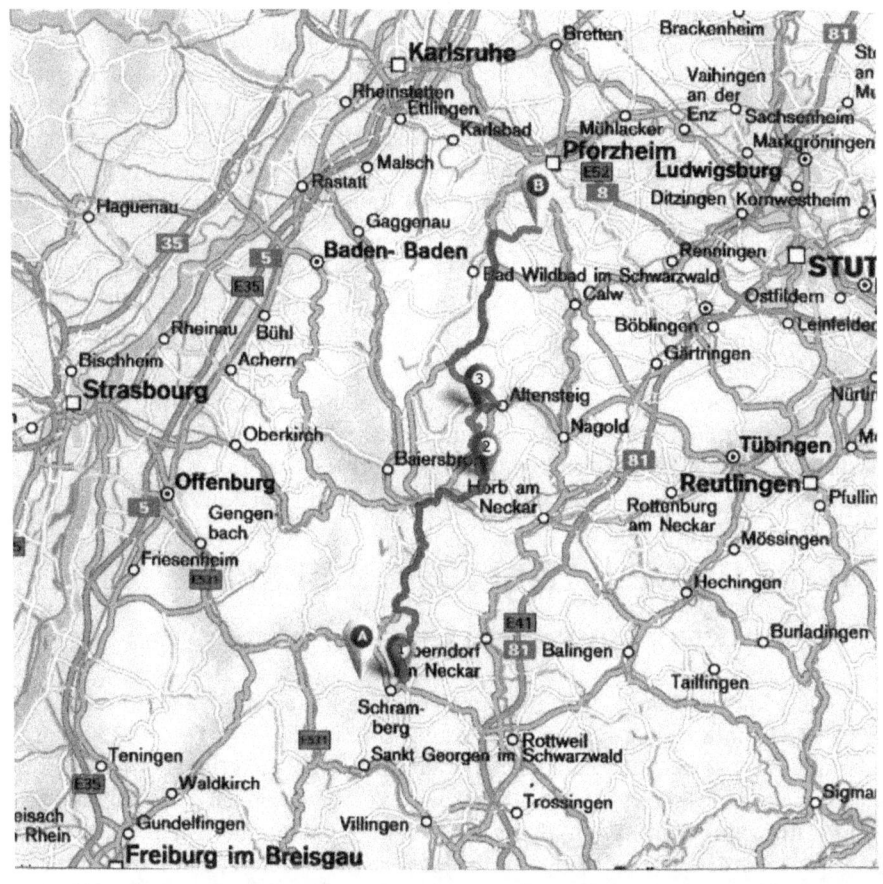

# MOOSWALDMÜHLE BEI LAUTERBACH
## TYPISCHE BAUERNMAHLMÜHLE MIT STROHDACHOPTIK

Die Mooswaldmühle ist ein wunderschönes Kleinod im Sulzbachtal und liegt herrlich eingebettet auf einer Waldlichtung. Sie ist eine der höchstgelegenen Mahlmühlen im Schwarzwald. Die älteste Eintragung stammt aus dem Jahre 1657. Die Bauernmühle wird mit einem oberschlächtigen Wasserrad angetrieben, auf welches das Wasser mit einem langen Holzkähner geführt wird. Im Innenraum ist die Mühleneinrichtung sehr gut erhalten. Sie wurde 1962 renoviert, ist voll funktionsfähig und eine ganz typische Bauernmahlmühle im Schwarzwald mit Strohdachoptik.

**Anfahrt:** Von Lauterbach/Schwarzwald in den Ortsteil Sulzbach fahren. Entlang der Sulzbachstr. am Abzweig Gifthof/Buschel links abbiegen und auf der Straße bis zum Wanderstandort Spittel fahren. Dann rechts durch ein kleines Waldstück. Über eine Wiese erreicht man auf einem Fußpfad die Mosswaldmühle.
**Standort:** 78730 Lauterbach/Schwarzwald im hinteren Sulzbachtal.
**Information:** Tourist Information Lauterbach, Schrambergerstr. 5, 78730 Lauterbach, Tel. 07422/9497-0, www.lauterbach-schwarzwald.de
**Tipp:** Führungen ab 10 Personen nach Absprache mit der Kurverwaltung

# MÖNCHHOF-SÄGEMÜHLE VESPERWEILER
## KULTURDENKMAL IM WALDACHTAL

Die Mönchhof-Sägemühle ist eine im Original erhaltene und noch funktionsfähige Sägemühle im nördlichen Schwarzwald. Erstmals wurde sie 1435 als Besitztum des Klosters Bebenhausen erwähnt. Der voll funktionsfähige Antrieb stammt aus dem Jahr 1903. Das Wasser wird von der Waldach genutzt und oberschlächtig zum Mühlrad mit einem Holzkähner geleitet. Das Mühlrad ist 2005 renoviert worden. Sie ist ein Kulturdenkmal mitten im Herzen des Waldachtals, wurde vollständig restauriert, ohne dabei historische Werte zu verändern. Seit vielen Jahren wird umweltfreundlicher Strom erzeugt. Der Betrieb führt heute noch Holzschnittarbeiten durch. Jeden Donnerstag wandelt sich der alte Sägeraum in ein lebendiges Lokal. Urige Atmosphäre erlebt man bei einer deftigen Hausmacher-Vesper aus eigener Schlachtung und Holzofenbrot.

**Anfahrt:** B 28 Altensteig – Freudenstadt, in Pfalzgrafenweiler die Abzweigung in Richtung Cresbach – Lützenhardt nehmen und dann bis Vesperweiler fahren.
**Standort:** Alte Straße 24, 72178 Waldachtal – Vesperweiler
**Info:** Fam. Uwe Schittenhelm, Tel. 07445/3570, www.moenchofsaegemuehle.de
**Tipp:** Samstags sind um 14 Uhr Besichtigungen mit Führung durch die alte Mühle möglich, anschließendem Sägen mit dem alten Sägegatter und Bewirtung.

Mooswaldmühle

Mönchhof-Sägemühle

# UNTERE KAPFENHARDTER MÜHLE

## IN SCHÖMBERG – UNTERREICHENBACH
## MÜHLE MIT MÜHLENLADEN & HOTEL-RESTAURANT

Die Mühle liegt in ruhiger, idyllischer Lage im Kapfenhardter Tal in Unterreichenbach. Sie wurde erstmals im 12. Jahrhundert erwähnt und 1695 neu aufgebaut. Zur vollautomatischen Mahlmühle wurde sie 1962 modernisiert. Ein alter Mahlgang ist noch betriebsfähig vorhanden. Das 7,00m hohe Wasserrad ist am ursprünglichen Platz belassen worden und läuft noch als Schauanlage. Die Wasserkraftübertragung erfolgt heute durch Turbinen und einer Wärmepumpe. Eine Rapsölmühle wurde 2005 dazu gebaut. Mit dem Öl werden eine Blockheizkraftanlage und die hofeigene Tankstelle versorgt. Der Mühle angegliedert sind eine Mühlenbäckerei, Mühlenladen, Hotel-Restaurant und Forellenzuchtanlage.

**Anfahrt:** BAB A5 Karlsruhe – Stuttgart, Ausfahrt Heimsheim, über Bad Liebenzell nach Schömberg-Unterreichenbach.
**Standort:** Untere Mühle 10, 75399 Schömberg, Ortsteil Unterreichenbach
**Informationen:** Untere Kapfenhardter Mühle, Tel. 07235/9320-0
**Tipp:** Mühlenbesichtigung mit dem Müllermeister und Mühlenbrot aus dem Holzbackofen. Schwäbische Spezialitäten, fangfrische Forellen im Restaurant

# OBERE KAPFENHARDTER MÜHLE

## IN SCHÖMBERG – UNTERREICHENBACH
## GETREIDEMÜHLE UND MÜHLENLÄDELE

Sie wurde erstmals 1232 erwähnt und war eine Bannmühle, was bedeutete dass die Bauern aus Kapfenhardt und Umgebung ihr Korn nur in dieser Mühle mahlen lassen durften. Die Getreidemühle besteht immer noch und ist in der 12. Generation im Besitz der Familie Mönch. Ludwig Auerbach war 1874 der wohl bekannteste Gast in der Mühle und wurde angeblich durch den Aufenthalt im Kapfenhardter Mühlental zu seinem berühmten Schwarzwaldlied inspiriert. Die Mühle wurde 1984 modernisiert und wird heute elektrisch betrieben, wobei die Energie mit Wasserkraft und Turbinen erzeugt wird. Seit 1985 gehört zur Getreidemühle noch ein Mühlenlädele. Ab 2001 werden Spezialmehle, Backmischungen und Futtermittel hergestellt.

**Anfahrt:** Bab A5 Karlsruhe – Stuttgart, Ausfahrt Heimsheim über Bad Liebenzell nach Schömberg-Unterreichenbach.
**Standort:** 200m oberhalb der Unteren Kapfenhardter Mühle.
**Information:** Obere Kapfenhardter Mühle Tel. 07235/221.
**Tipp:** Frisches Mehl kann man im Mühlenlädele kaufen.

Untere Kapfenhardter Mühle

Obere Kapfenhardter Mühle

# MÜHLEN – ROUTE 7

## BLEICHHEIM – MUCKENTAL – FREIAMT – MUNDINGEN

Die 38km lange Mühlenroute beginnt in Herbolzheim, Ortsteil Bleichheim in der Bleichtalstr. 52. Dort steht nach dem Ortsende die 1422 erstmals erwähnte „**Glöckle Mühle**". In ihr befindet sich heute ein Mühlenladen, wo man biologische Nahrungsmittel wie Mehl, Teigwaren, Vollkorn- und Eierprodukte aus eigener Herstellung kaufen kann. Im Freigelände ist ein Streichelzoo mit Tieren. Wir fahren auf der L106 Richtung Streitberg und erreichen nach etwa 4 km die „**Hammerschmiede**" im Muckental. Sie wurde 1807 erbaut und beinhaltet heute ein kleines Museum. Das Gasthaus ist zur Zeit geschlossen. Wir fahren weiter bis zur Kreuzung am Streitberg und biegen dort rechts ab Richtung Freiamt, Ortsteil Ottoschwanden. Über Mussbach fahren wir auf der L110 Richtung Reichenbach. Kurz vor dem Ort liegt rechts im Vorhof 6 das urige Gasthaus „**Forellenstüble**" in einer kleinen Mühle. Dort kann man in der Mühlenstube fangfrische Forellen, die köstlich schmecken, aus den daneben liegenden Forellenteichen essen. Im Sommer kann man direkt im Freien vor dem sich drehenden Mühlrad sitzen.

Auf der L110 führt die Route weiter an der „**Mühle und Bäckerei Mellert**" vorbei bis nach Keppenbach. Im Ort biegen wir links ab auf die K 5109 Richtung Elztal. Nach etwa 800m geht es links ab ins Pechofental, wo man nach ca. 1,2km zur „**Schillingerhof-Mühle**" kommt. Sie ist ein Kleinod in diesem ruhigen, idyllischen Schwarzwaldtal. Die Mühle liegt rechts unterhalb vom Hofgebäude und ist über einen kleinen Fußweg gut erreichbar. Das zweigeschossige Fachwerkgebäude wurde 1802 gebaut. Im Erdgeschoss befindet sich die Getreidemühle mit Mahlgang und Müllerstube, im Obergeschoss ist ein Wohnteil das vom Hof als „Leibgeding" genutzt wurde. Hier verbrachte der Altbauer des Hofes seinen Lebensabend. Auf Anmeldung kann man die Mühle besichtigen und ein deftiges Mühlenvesper einnehmen.

Wir fahren zurück bis nach Keppenbach und biegen im Ort links ab auf die L110. Über Maleck fahren wir bis nach Emmendingen und dort durch die Stadt auf der B3 Richtung Lahr. Kurz nach Emmendingen biegen wir rechts ab nach Mundingen. An dieser Kreuzung steht rechts die fünfgeschossige, gelb angestrichene „**Mundinger Mühle**". Sie stammt aus dem Mittelalter und wird heute als Kulturmühle genutzt. Im Mühlengebäude befindet sich eine Kneipe und im alten Mühlenkeller finden Musikveranstaltungen statt. Außen im Freigelände vor der Mühle dreht sich gut sichtbar das hölzerne Wasserrad.

# KARTE MÜHLEN - ROUTE 7
## STRECKENLÄNGE 38 KM

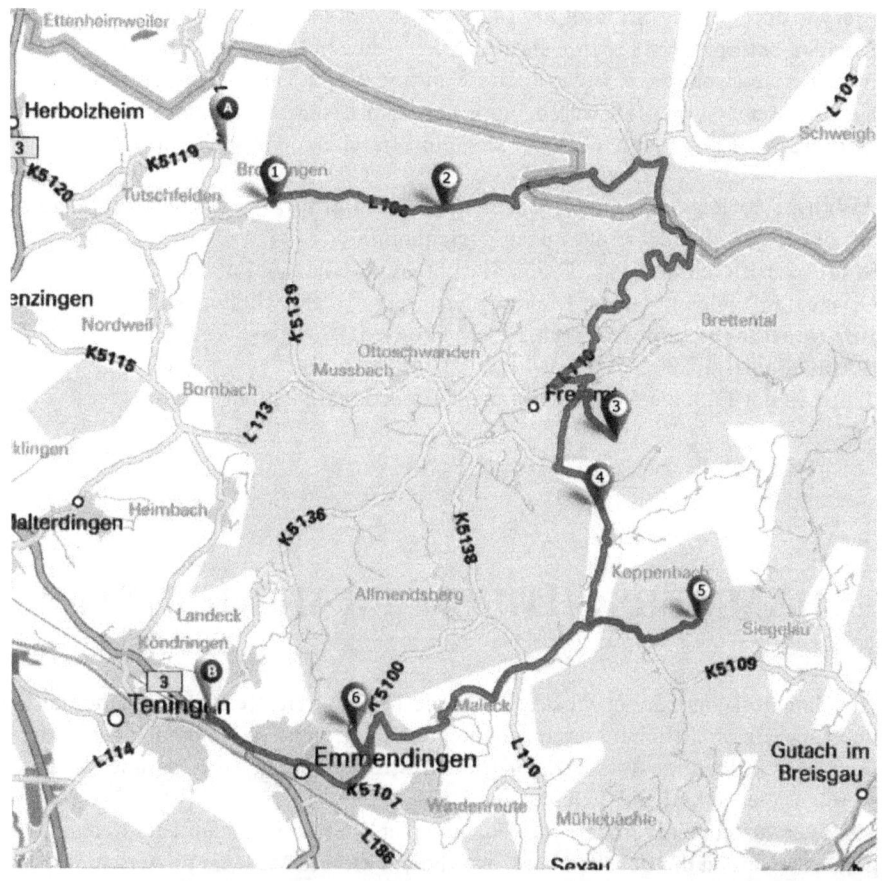

Tipp: Von der Mellert Mühle, Keppenbach 6 in Freiamt-Reichenbach geht ein 12,7km langer **Mühlenweg** über die Schillingerhof-Mühle durch die wunderschöne Schwarzwaldlandschaft mit herrlichen Aussichtspunkten.
Informationen gibt es bei: Tourist – Information, Badstr. 1, 79348 Freiamt
Tel. 07645/9103-0, www.freiamt.de, E-Mail: info@freiamt.de

# GLÖCKLE-MÜHLE IN BLEICHHEIM
## BIO-MÜHLENLADEN

Sie wurde erstmals urkundlich 1422 erwähnt als Getreidemühle. Nach einer Brandkatastrophe 1888 wurde sie renoviert. Heute befindet sich ein Mühlenladen in dem historischen Gebäude für Bio Nahrungs- und Nahrungsergänzungsmittel aus Getreide; Mehl, Teigwaren, Vollkorn- und Eierprodukten aus eigener Herstellung. Im Freigelände befindet sich ein Streichelzoo mit Tieren.

**Anfahrt:** BAB A5 Karlsruhe-Basel; Ausfahrt Herbolzheim. Von Herbolzheim auf der L 106 (Landesstraße) nach Bleichheim.
**Standort:** Bleichtalstr. 52, 79336 Herbolzheim-Bleichheim, ca. 600m nach der Ortsausfahrt Bleichheim in Richtung Streitberg liegt rechts die Glöckle-Mühle:
**Informationen:** Glöckle Mühle Tel. 07643/6107, www.gloeckle-muehle.de, E-Mail: tourismusbuero@stadt-herbolzheim.de
**Tipp:** In der Glöckle-Mühle kann man Bio Produkte kaufen.

# HAMMERSCHMIEDE IM MUCKENTAL

Die Hammerschmiede im Muckental wurde 1867 zur Herstellung einfacher land- und forstwirtschaftlicher Geräte, sowie Werkzeuge zum Steine brechen errichtet. Drei oberschlächtige Wasserräder trieben Streckhammer, Gebläse und Schleifstein an. Der Schmiedebetrieb endete 1967.
1987 verwüstete ein verheerendes Hochwasser die Hammerschmiede. In den Folgejahren wurden die Schäden beseitigt und ein kleines Museum eingerichtet. Das im Erdgeschoss befindliche Gasthaus ist derzeit geschlossen.

**Anfahrt:** BAB A5 Karlsruhe-Basel; Ausfahrt Herbolzheim. Von Herbolzheim auf der L 106 (Landesstraße) nach Bleichheim ins Muckental Richtung Streitberg. Ca. 5km nach Bleichheim liegt rechts die Hammerschmiede.
**Standort:** Bleichtalstr. 2, 79341 Kenzingen
**Informationen:** Tel. 07643/6284, www.hammerschmiede-muckental.de

**Glöckle Mühle**

**Hammerschmiede**

# FORELLENSTÜBLE IN FREIAMT
## TRADITIONELLES MÜHLEN-GASTHAUS

In der ehemaligen Ölmühle in Freiamt, Ortsteil Reichenbach, befindet sich das traditionelle Gasthaus Forellenstüble. Im urigen Mühlengebäude aus dem Jahre 1766 gibt es 35 Sitzplätze und direkt vor dem Mühlrad im Freien, sowie einer überdeckten Terrasse vor dem Eingang weitere 20 Sitzplätze. Für Fischliebhaber gibt es fangfrische Forellen direkt aus den benachbarten Forellenteichen, wobei frisch in diesem Fall wörtlich genommen werden darf, denn bei der Bestellung ist die Regenbogenforelle die man essen will noch Putz munter. Die Forellen schmecken hervorragend und werden als Forelle blau oder gebraten serviert. Die Größe der Forelle kann gewählt werden, als Beilagen gibt es wahlweise Salz- oder Bratkartoffeln und sehr leckere Salate. 1993 hat der Mühlenbesitzer Siegfried Böcherer das Wasserrad selbst gezimmert und erneuert.

**Anfahrt:** BAB A5, Ausfahrt Riegel, Richtung Emmendingen. Über Sexau nach Keppenbach, dann links auf der L110 bis Reichenbach. Nach dem Ort liegt links das Forellenstüble.
**Standort:** Im Vorhof 6, 79348 Freiamt, Ortsteil Reichenbach
**Information:** Forellenstüble Tel. 07645/345
**Tipp:** Genießen sie die fangfrischen Forellen aus den danebenliegenden Teichen. Vorherige Tischreservierung ist empfehlenswert!

# SCHILLINGERHOF-MÜHLE IN FREIAMT
## EIN KLEINOD IM ROMANTISCHEN PECHOFENTAL

Die wunderschön gelegene Schillingerhof-Mühle wurde 1802 als Getreidemühle erbaut und wird in der achten Generation von der Fam. Schillinger betrieben. Das 2-geschossige Fachwerkgebäude stellt eine Besonderheit dar. Im Erdgeschoss befinden sich die Getreidemühle mit Mahlgang und Gerstenstampfe, sowie die Mühlenstube. Im Obergeschoss ist ein Wohnteil (Leibgeding). Der Speicher unter dem Dach wurde als Getreidespeicher genutzt. Der Antrieb erfolgt durch ein 4,20m hohes und 0,40m breites Metallwasserrad. Ein schlimmes Unwetter hat 1963 die Mühle und den Spannteich, sowie den Zulaufkanal zerstört. Der Pechofenbach schwoll zu einem reißenden Fluss an und riss alles mit, was ihm im Weg stand. Über 30 Jahre stand die Mühle daraufhin still. 1992 erfolgte die vorbildliche Restaurierung der Mühle. Die Wohnräume sind noch erhalten und sehr liebevoll eingerichtet. Sie steht heute unter Denkmalschutz und ist ein Kleinod im romantischen Pechofental.

**Anfahrt:** BAB A5 Karlsruhe-Basel, Ausfahrt Teningen bis nach Emmendingen, über Sexau an der Hochburg vorbei bis Keppenbach. Dann rechts ab auf der Gscheidstr., K 5109 in Richtung Gutach im Breisgau. Nach ca. 2km geht es links ab ins Pechofental. Der Weg zur Mühle ist mit einem Schild markiert.
**Standort:** Pechofen 5, 79348 Freiamt-Keppenbach
**Informationen:** Familie. Werner Schillinger, Tel. 07645/632
Tourist Information Freiamt, Tel. 07645/9103-0, E-Mail: info@freiamt.de
**Tipp:** Mühlenbesichtigung und Mühlenvesper nach vorheriger Absprache!

Kleienkotzer

Kachelofen mit Herd

Mühlenstube

# MUNDINGER MÜHLE

## KULTURMÜHLE

Die Mundinger Mühle war einst eine Öl-, Säge- und Getreidemühle. Ihr historischer Ursprung liegt im Mittelalter. Um 1220 verkaufte ein Ritter die Mühle an das Zisterzienserkloster in Tennenbach. 1806 übernahm das Großherzogtum Baden die Mühle. Im Jahr 1880 wurde ein fünfgeschossiges Mühlengebäude mit zwei Turbinen errichtet und danach noch ein Sägewerk. Der Mühlenbetrieb wurde 1940 eingestellt. Das Sägewerk arbeitete bis 1952. Zu einem Gasthaus wurde die Mühle 1999 umgebaut. Ein Wasserrad mit 3,50m Höhe und 0,60m breite aus Holz dreht sich wieder seit 2003. In den Nebengebäuden befindet sich eine alte und neue Turbinenanlage mit 66kw Leistung. Heute wird die Mühle als Kulturmühle genutzt, in der sich eine Kneipe und der Mühlenkeller befinden.

**Anfahrt:** BAB A5 Karlsruhe-Basel, Ausfahrt Riegel, Richtung Emmendingen auf der B3. Kurz vor Emmendingen biegt man links ab nach Mundingen. An dieser Kreuzung liegt rechts die Mundinger Mühle. Sie ist fünfgeschossig und durch ihren gelben Anstrich nicht zu übersehen.
**Standort:** Kreuzung an der B3 nach Emmendingen und der Dorfstraße nach Mundingen
**Information:** Förderverein Mundinger Muehle e.v., Tel. 07641/1654
**Tipp:** Im Mühlenkeller finden kulturelle Musikveranstaltungen statt.

# MÜHLEN – ROUTE 8

## ST. PETER - MÜLLHEIM - NIEDERWEILER

Diese Mühlen-Route hat eine Länge von 72km. Wir starten von St. Peter bei der „**Heitzmannhof-Mühle**" Haldenweg 5. Diese typische Bauernhofmühle hat noch ein Reetdach und liegt in ruhiger Lage an einem sonnenverwöhnten Berghang, 2km nördlich von St. Peter. Sie wurde 1995 vollständig saniert. Von dort fahren wir das Glottertal hinunter bis nach Oberglottertal. Dort liegt an der Glotter die „**Hilzinger Mühle**" links unterhalb des Hilzinger Hofs. (Beschreibung siehe Mühlen-Route 1). Im romantisch gelegenen Glottertal, wo die berühmte „**Schwarzwaldklinik**" liegt fahren wir weiter und biegen vor Freiburg rechts ab auf den Autobahnzubringer Freiburg-Nord. Dann rechts auf die BAB A5 Richtung Basel. Nach ca. 36km die Ausfahrt Müllheim herunterfahren. Nach der Autobahn links ab auf der B378 bis nach Müllheim.

Die „**Frick-Mühle**" liegt in der Gerbergasse 74. Als „villa mulinhaimo" wurde sie 757/758 erstmals erwähnt. Heute befindet sich in der renovierten Mühle ein Mühlenmuseum. In Oberweiler, Weilertalstr. 8 erreicht man die 1650 gebaute „**Alte Ölmühle**". Die Mühle produziert heute immer noch ganz hervorragendes Walnussöl, Haselnuss- und Kürbiskernöl, das man im Mühlenladen käuflich erwerben kann. Zum Schluss dieser Fahrt fahren wir auf der Weilerstr. bis zum Ortsteil Niederweiler.In der Römerstr. 7 liegt etwas versteckt die idyllische „**Klemmbachmühle**". Diese 1760 gebaute Gipsmühle ist ein idyllisches Kleinod und liegt direkt am Klemmbach. Die Innenräume sind mit wertvollen Antiquitäten, aber auch mit Flohmarkt Souvenirs ausgestattet.

## STRECKENLÄNGE 72 KM

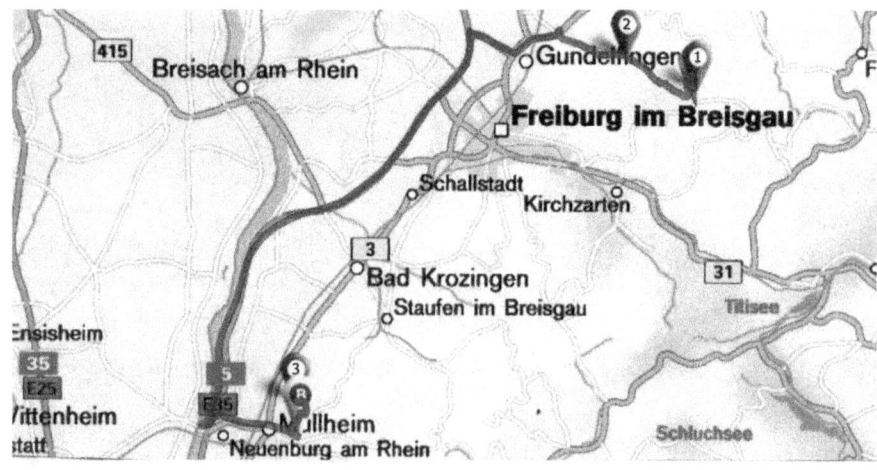

# HEITZMANNHOF–MÜHLE IN ST. PETER
## TYPISCHE BAUERNMÜHLE MIT REETDACH

Umgeben von Wiesen und Wäldern liegt die Heitzmannhof-Mühle in ruhiger Lage an einem sonnenverwöhnten Berghang, 2km nördlich von St. Peter. Die Mühle wurde 1995 saniert, die gesamte Holzkonstruktion abgetragen und in der Zimmerwerkstatt überarbeitet. Dabei wurden die morschen, kaputten Hölzer ersetzt. Sämtliche tragenden Holzteile wurden in Eichenholz ausgeführt und die Mühle wieder aufgebaut. Sie ist auch im Innenraum voll funktionsfähig und hat ein typisches Schwarzwälder Reetdach.

**Anfahrt:** BABA5, Karlsruhe-Basel, Ausfahrt Freiburg-Nord, Glottertal, St. Peter
**Standort:** Haldenweg 5, 79271 St. Peter.
Der Hof liegt etwa 2km nördlich von St. Peter am Fuß des Heitzmannberges.
**Informationen:** Heitzmannhof, Tel. 07660/265, www. Heitzmannhof.de,
E-Mail: info@heitzmannhof.de
**Tipp:** Ferienwohnung auf dem Bauernhof für 2-4 Personen mit Feldbergblick.

# FRICK-MÜHLE IN MÜLLHEIM
## RENOVIERTES MÜHLEN-MUSEUM

Als „villa mulinhaimo" wurde sie zum ersten mal 757/758 urkundlich erwähnt. Ursprünglich gehörte Sie zum Hofgut der Herren von Baden aus Liel und war eine Bannmühle. Von 1690 – 1912 war sie im Besitz der Familie. Frick. Das Anwesen besteht aus zwei schräg zueinander angeordneten Häusern, dem Wohnhaus mit Mühlenraum und dem Gesindehaus mit Laube. Zwei Mühlräder befanden sich auf der rechten Längsseite, an welchem der Mühlenkanal vorbeifloss. Das Gebäude wurde 1993 von der Stadt Müllheim erworben. Zusammen mit dem Museumsverein Markgräfler Land wurde die Mühle renoviert und als Mühlen-Museum eingerichtet. Sie zeigt historische Teile von Mühlen aus Müllheim und dem Markgräfler Land. Ebenso wurde 2008 ein neues Holzwasserrad mit einer Höhe von 6m und 0,50m Breite gebaut. In Müllheim spielten die Mühlen immer eine große Rolle. Bei der Namensgebung der Stadt waren Sie mit maßgebend, denn im alemannischen Dialekt heißt die Stadt „Mülle(n)" und auch im Stadtwappen ist ein halbes Mühlrad zu sehen.

**Anfahrt:** BAB A5 Karlsruhe-Basel, Ausfahrt Müllheim bis zu der Stadt.
**Standort:** Gerbergasse 74/76, 79379 Müllheim
**Information:** Tel. 07631/15446, www.markgraefler-museum.de
**Tipp:** Besichtigung nach Vereinbarung möglich.

Heitzmannhof-Mühle

Frick-Mühle

# ALTE ÖLMÜHLE IN OBERWEILER
## HIER WIRD ÖL NUR KALTGEPRESST

Die alte Ölmühle wurde ca. 1650 gebaut und ist seit 1854 im Besitz der Familie Eberhardt. Von ehemals 40 Wasserkraftmühlen entlang des Klemmbaches ist sie die einzige die mit Wasser anstatt Strom läuft. Hinter dem Haus läuft ein kanalisiertes Bächlein samt einem oberschlächtigen Wasserrad. Die Maschinen sind so alt wie die Mühle selbst. Die Ölmühle ist immer noch in Betrieb und produziert heute im Nebengebäude vorrangig kaltgepresstes Walnussöl, Haselnuss- und Kürbis Kernöl.

**Anfahrt:** BAB A5 Karlsruhe-Basel, Ausfahrt Müllheim, Richtung Badenweiler bis Ortsteil Oberweiler.
**Standort:** Weilertalstr. 8, 79410 Badenweiler-Oberweiler
**Information:** Alte Ölmühle, Tel. 07632/7604
**Tipp:** Verkauf von hervorragendem, kaltgepresstem Öl im eigenen Hofladen der Familie Eberhardt.


# KLEMMBACHMÜHLE IN NIEDERWEILER
## IDYLLISCHE WEINSTUBE & RESTAURANT

Die unter Denkmalschutz stehende, ehemalige Gipsmühle wurde um 1760 erbaut. Hinter hohen Büschen und Bäumen versteckt muss man dieses idyllische Kleinod am Klemmbach in Niederweiler entdecken. Die Innenräume sind mit wertvollen Antiquitäten ausgestattet, doch auch Flohmarkt Souvenirs gehören dazu. Die Sitzplätze auf der Terrasse liegen Blumen umrankt direkt am Klemmbach, wo man beim plätschern des Baches entspannen kann. Wer Kunst, Antiquitäten, köstlichen, frischen Kuchen, oder ein deftiges Vesper mag sollte in der idyllischen Klemmbachmühle einkehren.

**Anfahrt:** BAB A5 Karlsruhe-Basel, Ausfahrt Müllheim bis Niederweiler
**Standort:** Römerstr. 7, 79379 Müllheim – Niederweiler
**Information:** Klemmbachmühle Tel. 07631/2800
**Tipp:** Spezialität sind die frisch gebackenen Kuchen, die absolut lecker schmecken. Auf der Vesperkarte stehen kleine Gerichte.

**Alte Ölmühle**

**Innenraum Klemmbachmühle**

# MÜHLEN – ROUTE 9
## UNTERKIRNACH-BAD DÜRRHEIM-BLUMEGG-GRAFENHAUSEN

Die letzte 80km lange Mühlen-Route beginnt mitten in Unterkirnach bei der „**Kirnach-Mühle**". Diese Mühle stammt von einem Bauernhof aus der Gemeinde Todtmoos und wurde 1995-97 in Unterkirnach wieder aufgebaut. Im Erdgeschoss befindet sich eine Backstube und im Obergeschoss eine Mühlenstube.
Auf der L173 fahren wir weiter über Villingen auf der B33/E531 und nehmen die Ausfahrt in Richtung Bad Dürrheim. Dort folgen wir der Ausschilderung zum Wellness-Gesundheitszentrum „Solemar" in der Huberstrasse. 8, wo die „**Schwarzwald Sauna**" liegt. Diese wurde 2002 nach einem Mühlen-Original von 1777 nachgebaut. Im Gebäude sind zwei große Saunaräume, die Müllerstube und Mühlensteinsauna eingebaut, wo man ein sehr uriges Schwitzvergnügen nach Schwarzwälder Art erleben kann.
Die Weiterfahrt führt über die B27 Richtung Titisee-Neustadt wo man rechts abbiegt auf die B31. Nach etwa 1,7km abbiegen auf die L171 Richtung Bonndorf. In Stühlingen-Blumegg erreichen wir im Weiler eine der ältesten Gipsmühlen, die „**Blumegger Mühle**", welche 1702 erstmals urkundlich erwähnt wurde. Die Besonderheit an ihr sind die drei hintereinander angeordneten Wasserräder. In ihr wurden Gips, Körner, Getreide, Ölfrüchte, Knochen und Hanf gemahlen. 1985 wurde die Mühle saniert und 2000 als Museumsmühle eröffnet. Wir setzen die Fahrt fort über die K 6593 über Birkendorf und auf der L157 etwa 2,5km Richtung Grafenhausen, wo man links abbiegt in den Tannenmühleweg. Am „Naturhotel **Schlüchtmühle**" vorbei kommen wir im Schlüchttal zur romantischen „**Tannenmühle**". Sie stammt aus dem 18. Jahrhundert und wurde 1960 umgebaut zum Schwarzwaldgasthof. Für Feinschmecker gibt es fangfrische Forellen aus den oberhalb der Mühle gelegenen Forellenteichen. 1986 wurde die Mühleneinrichtung in den nach alten Plänen errichteten Mühlenneubau integriert. So entstand das Mühlen- und Gerätemuseum. Sie ist ein einmaliges Ausflugsziel im Südschwarzwald.
**Top Tipp:** ist eine Fahrt mit der nostalgischen „**Sauschwänzlebahn**"!

Sauschwänzlebahn

# KARTE MÜHLEN - ROUTE 9
## STRECKENLÄNGE 80 KM

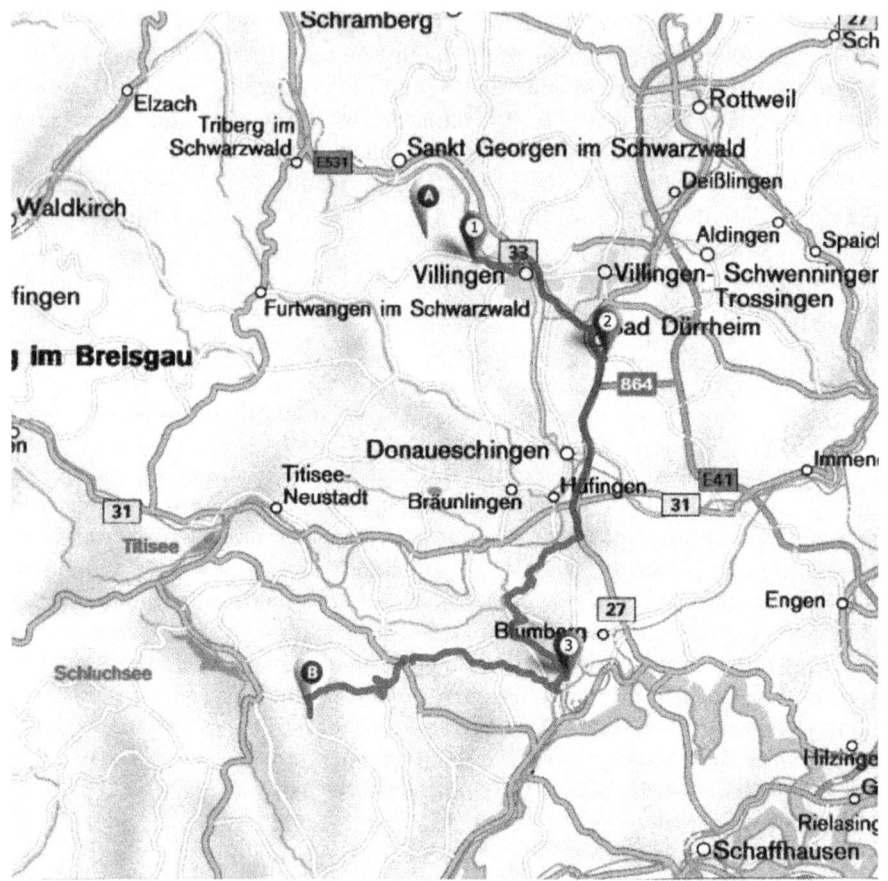

# KIRNACH-MÜHLE IN UNTERKIRNACH
## GAST BEIM MÜHLENBECK

Damit die Mühlen-Tradition nicht in Vergessenheit geriet, erwarb die Gemeinde Unterkirnach 1994 in der Gemeinde Todtmoos von einem Bauernhof eine historische Schwarzwald-Mühle mit oberschlächtigem Wasserrad. Mitten im Dorfkern von Unterkirnach auf dem Mühlenplatz wurde sie wieder 1995-1997 aufgebaut. Im Obergeschoss befindet sich eine Mühlenstube die für private Veranstaltungen und Feiern angemietet werden kann. Im Erdgeschoss wurde eine Backstube eingerichtet. Dienstags strömt herrlicher Brotduft einmal wöchentlich aus der Mühle. Beim Mühlenbeck kann man selbst sein Brot backen und jede Menge über das Brotbacken erfahren.Im Stil eines Bauerngartens liegt vor der Mühle ein Heilkräutergarten, wo man eine Vielzahl von Heil- und Küchenkräutern findet. An der Informationstafel steht über jede Pflanze eine Beschreibung. Im kleinen Weiher tummeln sich Goldfische. Eine herrliche Erfrischung und sehr gesund ist im Sommer die im Heilkräutergarten liegende kleine Kneipp, Wellness-Oase. Wasser treten im frischen, kühlen Quellwasser ist eine herrliche Erfrischung.

**Anfahrt:** Kurgebiet Villingen, danach Beschilderung Unterkirnach beachten.
**Standort:** Hauptstr. 5, 78089 Unterkirnach.
**Informationen:** Tourismusbüro Unterkirnach Tel. 07721/800837
E-Mail: info@unterkirnach.de, www.unterkirnach.de
**Öffnungszeiten:** Dienstags ab 8.30 Uhr Holzofenbrot backen.
Freitags um 10 Uhr öffentliche Führung (Infos beim Tourismusbüro)
**Tipp:** Selbstgebackene „Seelen" mit frischem Fleischkäse schmecken lecker.

# SCHWARZWALD-SAUNA, BAD DÜRRHEIM
## URIGES SCHWITZVERGNÜGEN

Im Wellness- und Gesundheitszentrum Solemar in Bad-Dürrheim steht in einer einzigartigen Anlage von 3200 qm eine nach einem Mühlen-Original von 1777 nachempfundene Schwarzwaldmühle. Das Highlight ist die darin integrierte Schwarzwald Sauna mit 2 großen, komfortablen Saunen. Das mächtige Mühlrad wurde als Dusche umfunktioniert und sorgt für Erfrischung. In der Müllerstube befindet sich ein Saunaraum für ca. 40 Personen. Der stündliche Erlebnisaufguss dauert 5-8 Minuten und setzt einen zusätzlichen Wärmereiz, durch die schlagartige Erhöhung der Luftfeuchtigkeit. Eine weitere Attraktion ist die im Gebäude befindliche Mühlensteinsauna. Sie bietet Platz für ca. 30 Personen. Der Aufguss wird halbstündlich automatisch über das Mühlrad angetrieben. Nach dem Saunieren kann man sich im Wohlfühl-Wasserbecken, Barfußbad oder Eisgrotte erfrischen. Mehrfach ausgezeichnet wurde die Badelandschaft für Ihre Konstruktion aus Holz und Glas. Auf einer Gesamtfläche von 12000qm bietet die Solemar-Therme mit 13 Innen- und Außenbecken und der großen Strandlandschaft salziges Badevergnügen, sowie pure Entspannung.

**Anfahrt:** BAB A81, Ausfahrt nach Bad Dürrheim und der Solemar-Ausschilderung folgen oder BAB A5 über Freiburg, Donaueschingen.
**Standort:** Huberstraße. 8, 78073 Bad Dürrheim
**Informationen:** Wellness- und Gesundheitszentrum Solemar
Tel. 07726/666-292, E-Mail: info@solemar.de, www.solemar.de
**Top-Tipp:** Das urige Schwitz- und salzige Badevergnügen genießen.

# BLUMEGGER MÜHLE IN STÜHLINGEN
## MUSEUMSMÜHLE MIT DREI MÜHLRÄDERN

Eine der ältesten Gipsmühlen in Deutschland steht im Weiler bei Stühlingen – Blumegg. Sie ist eine einzigartige Rarität und ein technisches Meisterwerk mit drei Mühlrädern und fünf Mahl- und Stampfwerken. Wegen ihrer besonderen Antriebstechnik stellt die Gipsmühle einen großen kulturhistorischen Wert dar. Die drei hintereinander angeordneten Wasserräder erhalten ihr Wasser über eine Kähneranlage. Von außen sieht sie aus wie ein Haus, das auf drei Rädern steht. Ihre Entstehungsgeschichte reicht bis ins Mittelalter zurück. Erstmals wurde sie urkundlich 1702 erwähnt. In ihr wurde ab 1856 nicht nur Gips, sondern auch Körner, Getreide, Ölfrüchte, Knochen und Hanf gemahlen. Als die industrielle Gipsproduktion begann wurde die Herstellung von Gips 1918 eingestellt. Die übrigen Güter wurden bis 1939 gemahlen. 1985 begann man mit der aufwendigen Sanierung der Mühle, mit Unterstützung durch die deutsche Stiftung Denkmalschutz und dem Landesdenkmalamt Baden-Württemberg. Als Museumsmühle wurde sie im Jahr 2000 der Öffentlichkeit zugänglich gemacht.

**Anfahrt:** BAB A81, Ausfahrt Geisingen, nach Blumegg.
**Standort:** im Weiler, 79780 Stühlingen-Blumegg
**Informationen:** Landratsamt Waldshut-Tiengen, Abt. Tourismus
Tel. 07751/862605, E-Mail: tourismus@landkreis-waldshut.de
www.landkreis-waldshut.de

# TANNENMÜHLE IN GRAFENHAUSEN
## MÜHLENMUSEUM UND SCHWARZWALDGASTHOF

Mitten im Naturpark Südschwarzwald liegt umgeben von erholsamen Wäldern ein besonders schönes Mühlenensemble, die Tannenmühle im Tal der Liebe, dem Schlüchttal. Geschichtlich erwähnt wurde die Mühle Anfang des 18. Jahrhunderts. Sie stand damals am Oberlauf des Rötenbachs, diese wurde stillgelegt als der Wasserfluss nicht mehr ausreichte, das Mühlrad zu bewegen. Im Jahre 1832 verlegte man deshalb die Mühle an die Schlücht, wo der Rippoldsbach und Rötenbach zusammen in die Schlücht fließen.
Ihren Namen hat die Mühle von den drei Tannen erhalten, die damals beim Neubau der Mühle geopfert werden mussten. Im Jahre 1918 wurde das Mühlenanwesen durch einen Brand zerstört. 1922 ist die Mühle an gleicher Stelle wieder aufgebaut worden. 30 Jahre konnte die Mühle sich noch halten, bis sie im Jahre 1954 nicht mehr rentabel war und stillgelegt werden musste.
Hildegard und Fritz Baschnagel übernahmen 1960 die Mühle und bauten sie zum Schwarzwaldgasthof um. 1961 wurden mehrere Forellenteiche angelegt in denen selbst Forellen gezüchtet werden. Der Schwarzwaldgasthof bietet Feinschmeckern über 30 verschiedene Forellengerichte an und ist bis in die Schweiz für diese kulinarische Schwarzwälder Spezialität bekannt. Im Sommer ladet eine schöne Freiterrasse zum verweilen ein. Im Laufe der Jahre kamen Hotelzimmer und Ferienwohnungen dazu. 1982/83 wurde gegenüber der Tannenmühle die St. Laurentius-Kapelle gebaut.
Die alte Mühleneinrichtung wurde 1986 in den nach alten Plänen errichteten Mühlennachbau mit obererschlächtigem Mühlrad oberhalb der alten Tannenmühle integriert. So entstand das Geräte- und Mühlenmuseum. Man hat die Möglichkeit die Mühle zu besichtigen und gemahlenes Mehl aus selbst angepflanztem Dinkel einzukaufen. 1990/93 wurde das Haus Laurentius gebaut, in dem moderne Ferienwohnungen Platz fanden. Es gibt auch Rundwanderwege zur Schlüchtmühle, Schlüchttal und Kapellenweg. Mit dem Tierpark, Souvenirshop, Abenteuerspielplatz und der Laurentiuskapelle bietet die Tannenmühle ein einmalig schönes Ausflugsziel im Südschwarzwald.

**Anfahrt:** Von Waldshut-Tiengen über Ühlingen, Birkendorf, Richtung Grafenhausen. Die Abzweigung zur Tannenmühle liegt zwischen Birkendorf und Grafenhausen. Parkplätze gibt es bei der Mühle.
**Standort:** Tannenmühlenweg 5, 79865 Grafenhausen / Hochschwarzwald
**Informationen:** E-Mail: info@tannenmuehle.de, www.tannenmuehle.de
Telefon 07748-215, Telefax 07748-1226
**Top Tipp:** Spezialität sind 30 verschiedene Forellengerichte im Restaurant.

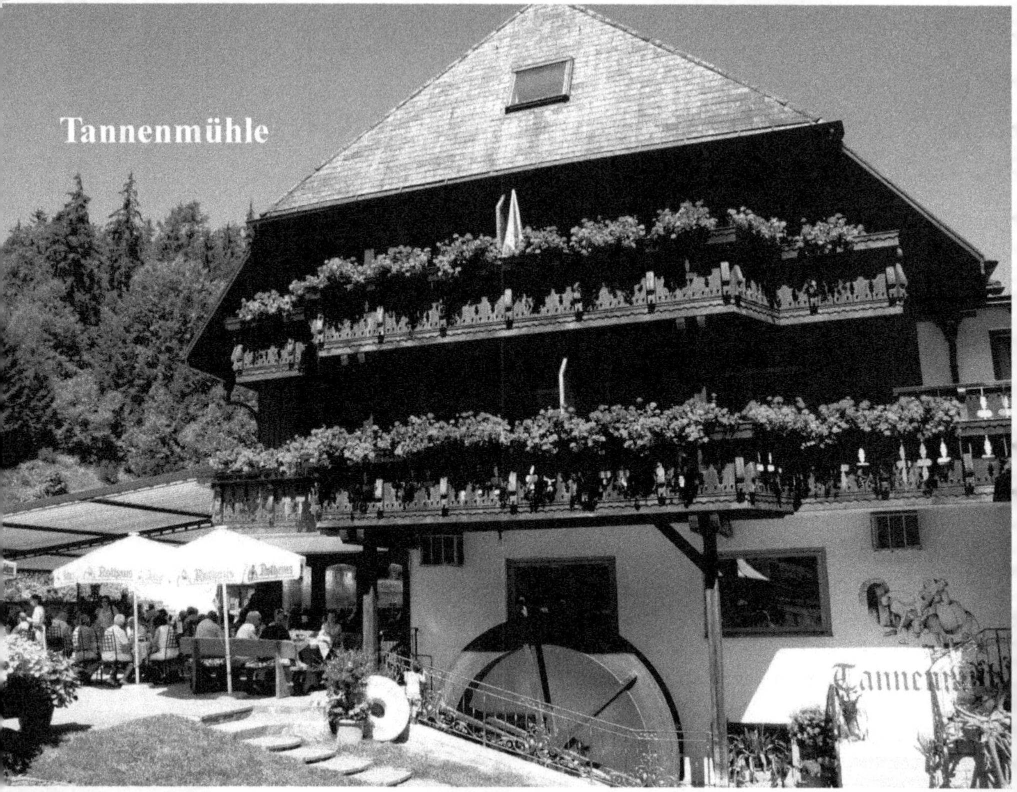

Tannenmühle

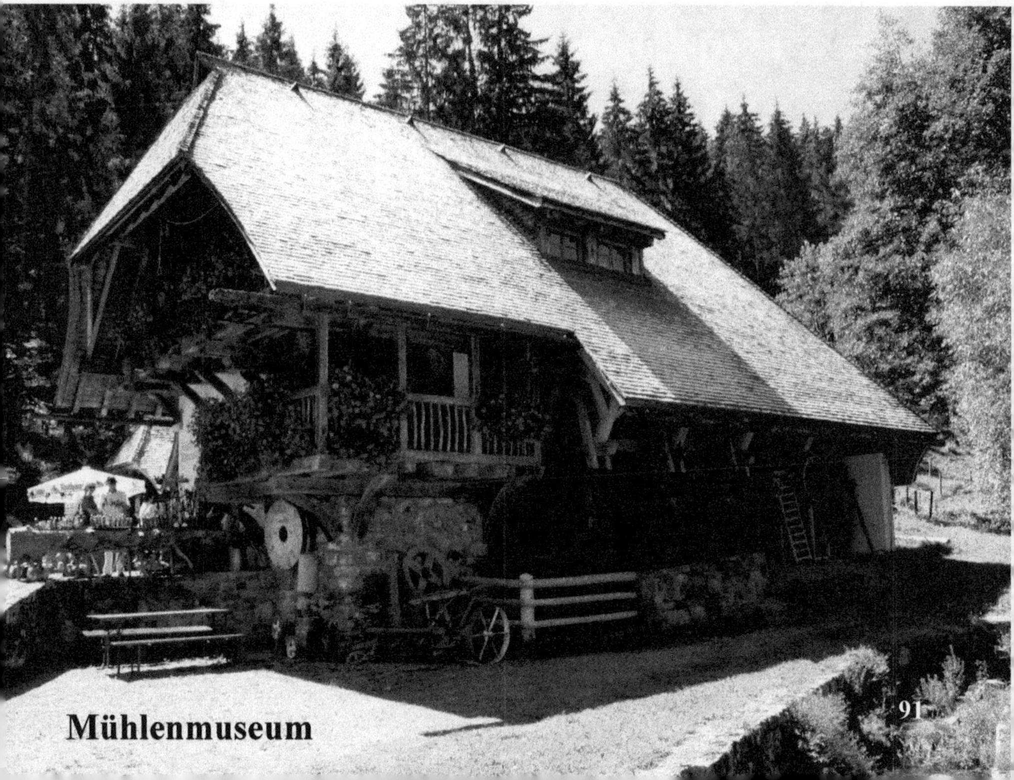

Mühlenmuseum

# SCHWARZWÄLDER BOLLENHUTTRACHT

Die originale Bollenhuttracht entstand etwa im Jahr 1750 und entstammt nur aus den Schwarzwalddörfern Gutach im Kinzigtal, Kirnbach und Hornberg-Reichenbach. Sie wurde weltweit bekannt aufgrund des malerischen Aussehens, insbesondere auch durch Heimatfilme wie „Schwarzwaldmädel" mit Sonja Ziemann aus den 50er- und 60er Jahren. Als Bollenhut wird die Kopfbedeckung bezeichnet, ein breitkrempiger, weißgekalkter Strohhut, der 14 auffallende, kreuzförmig angeordnete Bollen aus Wolle trägt. Sichtbar sind aber nur 11 Bollen, weil drei Stück von darüber liegenden Bollen verdeckt werden. Eine spezielle Bewandtnis hat die Farbe der Hutbollen. Rot zeigt an, dass die Hutträgerin ledig, Schwarz, dass sie verheiratet ist. Unter dem Bollenhut wird eine seidene Haube getragen, die unter dem Kinn gebunden wird.

Heute ist die Bollenhuttracht ein Klassiker und wird nur noch zu besonderen, festlichen Anlässen und bei Brauchtumsveranstaltungen getragen. Ganzjährig zu besichtigen ist der Bollenhut mit dazugehöriger Tracht im Schwarzwälder Trachtenmuseum in Haslach im Kinzigtal.

Elke & Eberhard Grösser, Pauline u. Emelie

Foto: www.blackforestfoto.de

# BLACK FOREST MELODY

## MIT STEVEN BAILEY

Steven Bailey wurde 1968 in South Carolina, USA geboren. Er ist in Virginia aufgewachsen und hat ein Studium der klassischen Geige absolviert, parallel dazu lernte er Gitarre. Nach erfolgreichem Abschluss kam er nach Europa und spielte mit einem Freund Straßenmusik. Er beschloss sich in Freiburg niederzulassen. Im Laufe seiner Musikerkarriere stand er auf der Bühne mit Bryan Adams, Boyd Tinsley (Dave Matthews Band), Bluesgrassmusiker Sam Bush und dem Grammy-Awards-Gewinner Clarence „Gatemouth" Brown.
Zusammen mit dem Kanadier Earl Hope (Bass) und Andy Schulz (Drums) gründete er die „Steven Bailey Band". Seit vielen Jahren sind sie einer der Hauptattraktionen des SWR3-Rockcafe's und Silver Lake Saloon im Europa Park in Rust, Deutschlands größtem Freizeitpark. Daneben gibt Steven Bailey Konzerte im süddeutschen Raum, der Schweiz und in ganz Europa.
Günther Ackermann und Steven Bailey lernten sich 2010 kennen. Der inzwischen Wahl-Badener singt 2011 die von Günther Ackermann getextete Schwarzwald Ballade, die er leicht verändert als „Black Forest Melody" auf Englisch in sein Repertoire aufgenommen hat! Zusammen traten Steven Bailey und Kult-DJ. Acki (Günther Ackermann) bei diversen Oldtimerveranstaltungen auf der Dammenmühle in Lahr auf.

# SCHWARZWALD HYMNE

## (EINE HOMMAGE AN DEN SCHWARZWALD) GEDICHTVERSION

Ganz im Süden von Deutschland
da gibt es ein Gebirge, Schwarzwald genannt,
mit dunklen Bäumen, blauen Seen und Flüssen,
wo wie im Paradies Milch und Honig fließen.
O Schwarzwald, wie bist du so schön,
O Schwarzwald, wie bist du so schön.

Klare frische Luft und gutes Essen
das beste Bier, weißer und roter Wein,
leckere Kirschtorte kann man hier genießen,
mit netten Menschen lustig und fröhlich sein.
O Schwarzwald, wie bist du so schön,
O Schwarzwald, wie bist du so schön.

Wo Tannen und Fichten stehen,
fröhliche Drosseln und Nachtigallen singen,
gelten Kuckucksuhren als Symbol,
die Rufe des Kuckucks aus Uhren und Wald erklingen.
O Schwarzwald, wie bist Du so schön,
O Schwarzwald, wie bist Du so schön.

Romantische Mühlen finde ich hier,
sie klappern im lauschigen Tal.
Ich sitze träumend am Bach
und lasse meine Seele fliegen zu dir.
O Schwarzwald, wie bist Du so schön,
O Schwarzwald, wie bist Du so schön

Hübsche Frauen tragen rote Bollenhüte
und tanzen bezaubernd an mystischen Seen.
Du wirst dein Herz ganz verlieren
und nie mehr weg von hier gehen.
O Schwarzwald, wie bist Du so schön,
O Schwarzwald, wie bist Du so schön.

**Günther Ackermann, Textdichter**
**Verfasser & Urheber des Textes**
© Copyright November 2011

# SCHWARZWALD HYMNI

## (EINE HOMMAGE AN DEN SCHWARZWALD)
## MUNDARTVERSION

'S gitt ä Gebirg' in Südditschland
Schwarzwald heißt's un isch bekannt.
Dunkli Baim, blaui Fliss un See-e griäße
un wiä im Paradies Milch un Hunnig fliäße.
O Schwarzwald, wiä bisch du so scheen,
O Schwarzwald, wiä bisch du so scheen.

Klari, frischi Luft un guets Esse kann'mr g'niäße
'S beschte Biär, wisser un roter Wiin.
Leckeri Kirschtort' duet 's Lewe versiäße
mit nette Lit kann'mr luschtig un frehlig sinn.
O Schwarzwald, wiä bisch du so scheen,
O Schwarzwald, wiä bisch du so scheen.

Wo Danne un Fichte stehn
frehligi Drossle un Nachtigalle singe
gelte Guckucksuhre als Simbol
'd Ruef' vum Guckuck us Uhre un Wald erklinge.
O Schwarzwald, wiä bisch du so scheen,
O Schwarzwald, wiä bisch du so scheen.

Romantischi Miehline find' i hiär
sie klapp're im lauschige Dal.
I huck traimend am Bächli
un loss minni Seel' fliäge zue dir.
O Schwarzwald, wiä bisch du so scheen,
O Schwarzwald, wiä bisch du so scheen.

Scheeni Fraue trage roti Bollehiät
un danze bezaubernd am mistische See.
dr wursch din Herz ganz verliäre
un nimmi meh weg vun do geh'.
O Schwarzwald, wiä bisch du so scheen,
O Schwarzwald, wiä bisch du so scheen.

**Günther Ackermann, Textdichter**
**Verfasser & Urheber des Textes**
**Übersetzung in niederalemannischer Mundart**
**Dr. Juliana Bauer**
**© Copyright Januar 2012**

# SCHWARZWALD HYMNE

## LIEDVERSION

Ganz im Süden von Deutschland
da gibt es ein Gebirge, Schwarzwald genannt,
mit dunklen Bäumen, blauen Flüssen,
wo wie im Paradies Milch und Honig fließen.
O Schwarzwald, wie bist du so schön,
O Schwarzwald, wie bist du so schön,
ich möchte nie mehr weg von hier gehen.

Klare Luft und gutes Essen
das beste Bier, weißer und roter Wein,
leckere Kirschtorte kann man hier genießen,
mit netten Menschen lustig und fröhlich sein.
O Schwarzwald, wie bist du so schön,
O Schwarzwald, wie bist du so schön,
ich möchte nie mehr weg von hier gehen.

Wo Tannen und Fichten stehen,
fröhliche Drosseln und Nachtigallen singen,
gelten Kuckucksuhren als Symbol
die Rufe des Kuckucks aus Uhren und Wald erklingen.
O Schwarzwald, wie bist Du so schön,
O Schwarzwald, wie bist Du so schön,
ich möchte nie mehr weg von hier gehen.

Romantische Mühlen finde ich hier,
sie klappern im lauschigen Tal.
Ich sitze träumend am Bach Rand
und lass meine Seele fliegen zu dir.
O Schwarzwald, wie bist Du so schön,
O Schwarzwald, wie bist Du so schön,
ich möchte nie mehr weg von hier gehen.

Hübsche Frauen tragen rote Bollenhüte
und tanzen bezaubernd an mystischen Seen.
Du wirst dein Herz ganz verlieren
und nie mehr weg von hier gehen.
O Schwarzwald, wie bist Du so schön,
O Schwarzwald, wie bist Du so schön,
O Schwarzwald, wie bist Du so schön.

**Günther Ackermann, Textdichter**
**Verfasser & Urheber des Textes**
© Copyright Januar 2012

Foto: Jürgen Haberer

# AUTOR PORTRAIT GÜNTHER ACKERMANN
## ARCHITEKT, SCHRIFTSTELLER, TEXTDICHTER, FOTOGRAF

Günther Ackermann wird am 8.11.1946 in Lahr/Schwarzwald geboren.
**1969-1978** studiert er Architektur, Städtebau und Archäologie an der TU Berlin.
**1973-1975** arbeitet er in Kastro-Ilias am West-Peloponnes und entdeckt die Liebe zu Griechenland. Er erlebt die Befreiung Griechenlands von der Militärdiktatur.
**1978** ist er sechs Monate auf Abenteuerreise u.a. mit Durchquerung der Sahara.
Er schreibt Reiseberichte „30000 km mit dem Reisemobil um die Welt"
**1979** macht er sich selbständig in seiner Heimatstadt Lahr als Freier Architekt.
**1981-1995** bereist er jedes Jahr Griechenland und berichtet über das schöne Land der Hellenen. Er schreibt Reiseberichte über Kreta, Paros, Meteora, Peloponnes.
**1996** reist er nach Brasilien, schreibt Reiseberichte über Bahia.
**2000** besucht er die Indianer in Französisch Guyana und Surinam.
Er schreibt über seine Erlebnisse „bei den Indianern in der Hölle von Guyana".
**2004** lebt er überwiegend in Kastro-Ilias und fährt zur Mythosinsel Ithaka und besucht die Ionischen Inseln Korfu, Paxos, Lefkada, Kefalonia und Zakynthos.
**2005** reist er nach Mallorca und schreibt den Reisebericht „Urlaub im Kloster".
**2006-2007** schreibt er den Reisebericht „Korfu/Paxos - Sinfonie in Grün",
Er veröffentlicht sein erstes Buch, den „Reisebegleiter West-Peloponnes".
**2008** schreibt er Reiseberichte „mit der Zahnradbahn nach Kalavrita",
die „Saronische Insel Hydra" und „zauberhaftes Monemvasia".
**2009** veröffentlicht er sein zweites Buch den „Reisebegleiter Ionische Inseln - Auf den Spuren von Odysseus", Korfu, Paxos, Lefkas, Ithaka, Kefalonia, Zakynthos.
**2010-2011** bereist er den Schwarzwald und nimmt die schönsten Mühlen in sein privates Archiv auf. Er schreibt die Schwarzwald Ballade, Schweizer Hymne, Griechenland Ballade, die Schwarzwald Hymne und den Harley Song
**2012** veröffentlicht er sein drittes Buch „Schwarzwaldmühlen – Romantische Mühlenrouten & Wanderwege", sowie die „Schwarzwald Hymne".

## DER DEUTSCHE MÜHLENTAG

Dieser findet alljährlich am Pfingstmontag statt. Er ist in ganz Deutschland **„der Tag der offenen Mühlen"** und zieht hunderttausende von Menschen an. Er wurde von der deutschen Gesellschaft für Mühlenkunde und Müllereiwesen ins Leben gerufen und hat das Ziel die alte Kulturtechnik der Mühlen als technisches Denkmal zu begreifen und zu erhalten. Über tausend Wasser- und Windmühlen sind an diesem Tag in ganz Deutschland geöffnet und können besichtigt werden. Geboten werden u.a. Mühlendemonstrationen, Rahmenprogramme, kulinarische Spezialitäten. Vielerorts wird es als Fest gefeiert und ist eine vielbeachtete Institution. Besuchen Sie an diesem Tag die schönen Mühlen, wandern sie auf den romantischen Mühlenwegen. Helfen sie dabei, dass diese historischen Kulturgüter auch im Schwarzwald erhalten bleiben.

## SCHLUSSWORT

Warum in die Ferne schweifen
wenn das Gute liegt so nah!

Entdecken Sie auf den romantischen Mühlenrouten & Wanderwegen
den Schwarzwald neu mit seinen idyllischen Wassermühlen.

## WILLKOMMEN IM SCHWARZWALD

Gute Reise, schöne Fahrten, frohe Wanderungen wünscht Ihnen

*Günther Ackermann*

# INHALTSVERZEICHNIS

| | |
|---|---|
| Seite 01 | Schwarzwaldmühlen, Romantische Mühlenrouten & Wanderwege |
| Seite 02 | Impressum |
| Seite 03 | Einleitung Schwarzwaldmühlen |
| Seite 04 | Wasserräder |
| Seite 05 | Oberschlächtiges- & Unterschlächtiges Wasserrad |
| Seite 06 | Mühlenarten |
| Seite 07-08 | **Mühlen-Route 1** |
| Seite 09-11 | Dammenmühle in Lahr/Schw. |
| Seite 12 | Freilichtmuseum Vogtsbauernhof in Gutach |
| Seite 13-14 | Hausmahlmühle (Freilichtmuseum Vogtsbauernhof) |
| | Klopf-und Plotzsäge (Freilichtmuseum Vogtsbauernhof) |
| Seite 15-16 | Hammerschmiede (Freilichtmuseum Vogtsbauernhof) |
| | Ölmühle (Freilichtmuseum Vogtsbauernhof) |
| Seite 17 | Hanfreibe (Freilichtmuseum Vogtsbauernhof) |
| Seite 18-19 | Landwasserhofmühle in Oberprechtal |
| Seite 20-21 | Kronenmühle in Simonswald |
| | Schlossmühle in Simonswald |
| Seite 22 | Historische Ölmühle in Simonswald |
| Seite 23-24 | Hexenlochmühle in Furtwangen-Neukirch |
| Seite 25-26 | Hilzinger Mühle in Oberglottertal |
| Seite 27-28 | **Mühlen-Route 2** |
| Seite 29-31 | S`Glatze Mühle in Seelbach |
| Seite 32-33 | Geroldsecker Waffenschmiede im Litschental |
| Seite 34-35 | Jägertonihofmühle in Dörlinbach |
| Seite 36-37 | Ettenheimer Mühlenwanderweg |
| Seite 38-39 | Klostermühle in Ettenheimmünster |
| Seite 40-41 | **Mühlen-Route 3** |
| Seite 42-43 | Vögeles Mühle in Niederbach |
| Seite 44 | Kaiserhofmühle in Hofstetten |
| Seite 45-46 | Alte Mühle & Historischer Speicher in Oberharmersbach |
| Seite 47 | Maile-Giessler Mühle in Nordrach |
| Seite 48-49 | Klostermühle in Gengenbach |
| Seite 50 | Schutterzeller Mühle |
| Seite 51-52 | **Mühlen-Route 4** |
| Seite 53 | Kühnerhofmühle in Sasbach |
| Seite 54 | Geiserschmiede in Bühlertal |
| Seite 55-56 | Deckerhof-Mühle in Seebach |
| | Vollmers Mühle in Seebach |
| Seite 57 | Straubenhofmühle in Sasbachwalden |

| | |
|---|---|
| Seite 58 | **Mühlen-Route 5** |
| Seite 59 | Ölmühle Walz in Oberkirch |
| Seite 60-61 | Der Mühlenweg in Ottenhöfen |
| Seite 62-63 | Benz-Mühle in Furschenbach |
| | Schmälzle-Mühle in Furschenbach |
| Seite 64-65 | Mühle am Rain in Furschenbach |
| Seite 66-67 | **Mühlen-Route 6** |
| Seite 68-69 | Mooswaldmühle bei Lauterbach |
| | Mönchhof-Sägemühle in Vesperweiler |
| Seite 70-71 | Untere- & Obere Karpfenhardter Mühle |
| Seite 72-73 | **Mühlen-Route 7** |
| Seite 74-75 | Glöckle-Mühle in Bleichheim |
| | Hammerschmiede im Muckental |
| Seite 76 | Forellenstüble in Freiamt |
| Seite 77-78 | Schillingerhofmühle in Freiamt |
| Seite 79 | Mundinger Mühle |
| Seite 80 | **Mühlen-Route 8** |
| Seite 81-82 | Heitzmannhof-Mühle in St. Peter |
| | Frick-Mühle in Müllheim |
| Seite 83-84 | Alte Ölmühle in Oberweiler |
| | Klemmbachmühle in Niederweiler |
| Seite 85-86 | **Mühlen-Route 9** |
| Seite 87 | Kirnach-Mühle in Unterkirnach |
| Seite 88 | Schwarzwald-Sauna in Bad-Dürrheim |
| Seite 89 | Blumegger Mühle in Stühlingen |
| Seite 90-91 | Tannenmühle in Grafenhausen |
| Seite 92 | Schwarzwälder Bollenhuttracht |
| Seite 93 | Black Forest Melody mit Steven Bailey |
| Seite 94 | Schwarzwald Hymne, Gedichtversion |
| Seite 95 | Schwarzwald Hymni, Mundartversion |
| Seite 96 | Schwarzwald Hyme, Liedversion |
| Seite 97 | Autor Portrait Günther Ackermann |
| Seite 98 | Der Deutsche Mühlentag, Schlusswort |
| Seite 99-100 | Inhaltsverzeichnis |

www.ingramcontent.com/pod-product-compliance
Lightning Source LLC
Chambersburg PA
CBHW070307230526
45470CB00002B/766